本书的视频制作得到了“乡村振兴战略下‘三农’融合出版探索”项目的资助

扫码看视频·病虫害绿色防控系列

樱桃病虫害绿色防控彩色图谱

全国农业技术推广服务中心　组编
张　斌　主编

中国农业出版社
北　京

编委会
EDITORIAL BOARD

序言
PREFACE

很高兴能够先于读者见到此书。张斌是江苏人，也是我的学生，从南京农业大学毕业后来到地处西南的贵州，一直从事植保技术推广工作。2017年本人赴贵州时，了解到他在植保专业上取得了很多的成就，很是替他高兴，在接到张斌邀请我为此书作序的时候，心情是比较感慨的。

樱桃是我国特色水果之一，果实成熟早，甜香味美，深受广大消费者青睐，但是随着种植面积的推广和种植时间的推移，病虫害已成为樱桃生产上的主要障碍。随着生活质量迅速提高，人们对农产品质量安全的要求也随之提升，绿色病虫害防控在樱桃生产过程中成为必不可少的技术措施。如何让农民快速掌握科学的病虫害绿色防控技术，已成为一个迫切需要解决的问题。

在《樱桃病虫害绿色防控彩色图谱》一书中，一是收录了樱桃上常见的58种病虫害，每种病虫害均配有彩色原图，并对每种病虫害的分类地位、形态特征、侵染循环（生活史）、防治技术进行了比较全面的介绍，文字通俗易懂；二是在该书的第三章，从法规防治、农业防治、理化诱控、生物防治、生态调控及化学防治方面对樱桃病虫害绿色防控进行了全面的集成阐述，并用图片予以诠释，配以绿色防控历，实用性强，是樱桃种植区基层植保农技人员和农民的"工具箱"。

科学开展樱桃病虫害绿色防控对于樱桃产业的稳定发展具有重要意义。能把知识和技术送给广大农民，直接应用于生产创造价值，是我辈农业工作者的共同心愿，希望并相信这本工具书能在樱桃生产上发挥其应有的作用。

董立尧

南京农业大学 教授

2018年6月27日于南京

前言
CONTENTS

樱桃（*Cerasus pseudocerasus*）属蔷薇科樱属，别称车厘子、莺桃、荆桃、楔桃、英桃、牛桃、樱珠、含桃、玛瑙，是我国特色水果之一。果实成熟早，香甜味美，深受广大消费者青睐，经济效益显著，呈现出极好的发展态势，国内黑龙江、吉林、辽宁、山东、安徽、江苏、浙江、河南、甘肃、陕西、四川、贵州等省份均有种植，已成为区域性农村经济发展和脱贫致富的重要产业。

随着樱桃种植面积的扩大和种植年限的增长，黑腹果蝇等有害生物为害日益严重，已成为制约樱桃产业高质量发展的主要障碍之一。在病虫害防控工作中，病虫害识别等相关知识的缺乏以及长期依赖单一的化学防治已成为种植区普遍存在的现象，不但造成病虫抗性增强、农药使用次数增加、产品品质降低，而且会引发安全隐患。2015年3月，国家提出了“到2020年农药化肥使用量零增长行动”，以全面提升农产品质量安全，在此背景下，科学开展樱桃病虫害绿色防控对樱桃产业的可持续发展具有重要意义。

自2007年始至今，编者先后参加了《贵阳市特色果业关键技术研究与示范》（筑科农字〔2007〕17号）、《果树病虫害绿色防控技术集成应用》（筑财农〔2014〕49号、筑财农〔2015〕34号、筑财农〔2016〕337号）等多个项目，一直关注并从事樱桃生产上病虫害的调查研究工作，多年观察记载贵州樱桃病虫害发生情

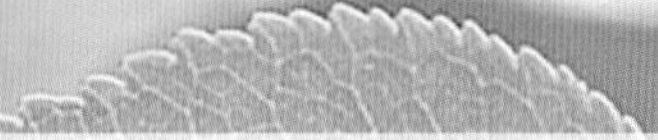

况及病虫特征，并多次赴山东、河北、陕西等樱桃主栽省调查与交流，经过10余年资料积累，编撰了这本《樱桃病虫害绿色防控彩色图谱》。本书内容主要分为常见病害、常见虫害、樱桃病虫害绿色防控技术等三部分。纵观全书，有三个特点：

一、在病虫害种类编撰过程中，未贪大求全，而是整编了国内樱桃植株上普遍发生或在局部区域曾重为害的病虫害，这些病虫害发生时若不治理将造成较大损失。病害部分重点选取了樱桃褐斑病、樱桃炭疽病等17种侵染性病害，生理性流胶病、樱桃裂果病等6种非侵染性病害；虫害部分重点选取了黑腹果蝇、铃木氏果蝇等35种害虫及鸟害；其他生物种类的存在因维持在一定种群数量内，对樱桃生产的影响在经济阈值之内，本次暂不列入。

二、在防控措施部分，始终贯穿"绿色防控"理念，包括植物检疫法规防治、农业防治、理化诱控、生物控制、生态治理等多种绿色植保措施。在化学防治方面，全面推荐高效、低毒、低残留的化学药剂和高效、低容量、环保型药械，力求全面反映国内外最新研究成果和实用新技术。最后编排了樱桃病虫害防治历，便于生产中果农查阅。这些措施的组合运用将有效提升防控效果，最大程度地减少化学农药的使用，确保产业可持续发展。

三、在编撰过程中，本书采用文字和图片相结合的方式，在文字描述方面，对每种病虫害都撰写了其分类地位、形态特征、侵染循环（生活史）、防治技术，力求全面、通俗、易操作，并配有病虫原色图片300余幅，这些图片生动逼真地再现了樱桃病虫形态及为害特征。

在樱桃病虫害调查过程中，得到了贵州省贵阳市乌当区植保植检站、开阳县植保植检站、开阳县南江乡醉美水果种植农民专业合作社等多家基层单位的支持；在书稿编撰过程中得到了贵州省植保植检站张忠民和谈孝凤研究员、贵州大学文晓鹏教授、贵州省果蔬站邵宇研究员等专家的指导和帮助，同时贵州霖星文化传播有限公司的刘雯女士帮助制作病害侵染循环示意图，在此致以诚挚的谢意！同时，向被引用图表、文献的作者表示衷心感谢！

本书的撰写虽然经历了较长时间，但由于知识水平有限，书中难免存在疏漏，恳请专家、同行及广大读者批评指正，以便我们进一步修订、完善。

张斌

2019年5月于贵阳

目录
CONTENTS

PART 3　绿色防控技术

PART 4　附录

PART 1

病　害

樱桃褐斑病

樱桃褐斑病也称为樱桃褐斑穿孔病，是我国樱桃产区的一种主要病害，发生严重时造成树体落叶严重，影响树体长势，对樱桃产量和品质影响大。

田间症状 主要为害叶片和新梢，发病初期在叶片正面出现针头大小的黄褐色斑点，后病斑逐渐扩大为直径2～5毫米大小的圆斑，边缘不明显，中心部分仍为黄褐色或浅褐色，边缘呈褐红色。随着病斑的发展，边缘逐渐清晰，病斑常多斑愈合，后期叶片的病健部分交界处产生裂痕，病斑部干化和皱缩，后病斑脱落，留下穿孔症状（图1）。该病引起早期落叶，严重时可导致秋季开花和产生新叶，树势衰弱，影响当年花芽分化和翌年产量、品质。

樱桃褐斑病

图1　樱桃褐斑病病叶

发生特点

病害类型	真菌性病害
病　原	有性态为樱桃球腔菌（*Mycosphaerella cerasella*），无性态分别为核果尾孢（*Cercospora circumscissa* Sacc.）、核果假尾孢[*Pseudocercospora circumscissa*(Sacc.) Liu & Guo]、核果钉孢霉[*Passalora circumscissa*(Sacc.)U.Braun]，分别属于尾孢属、假尾孢属及钉孢属，均属于丝孢纲丝孢目
越冬场所	病菌主要以分生孢子器和菌丝体在病叶或枝梢病组织内越冬
传播途径	翌年随着气温的回升和降雨，分生孢子借助风雨传播，从自然孔口或伤口侵入叶片、新梢
发病原因	发病程度与品种、树势、降水量及果园条件相关，其中和降水关系极为密切，降水频繁、降水量大、树势弱、排水不良果园发病重

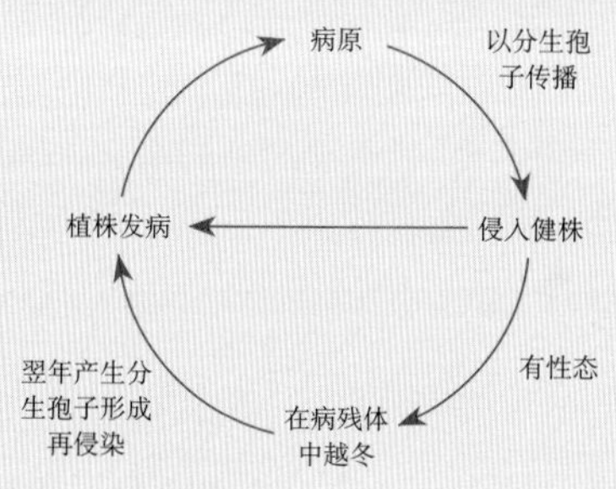

防治适期 谢花后10 ～ 15天。

防治措施

（1）**农业防治**　清除落叶，减少病原，加强果园管理，提高树体抗病力，提倡增施有机肥和配方施肥，确保树体营养平衡。

（2）**化学防治**　萌芽前，树体喷洒1 ∶ 1 ∶ 200倍量式的波尔多液，谢花后10 ～ 15天喷80%代森锰锌可湿性粉剂600倍液、70%丙森锌可湿性粉剂600倍液、75%百菌清可湿性粉剂600 ～ 800倍液，发病初期喷施24%腈苯唑悬浮剂3 000倍液或43%戊唑醇悬浮剂2 500倍液。可在雨前选择保护性杀菌剂，雨后选择内吸性杀菌剂，以保证药效。

樱桃炭疽病

樱桃炭疽病

樱桃炭疽病能造成樱桃早期落叶和果实腐烂，影响树体生长、果实产量和品质。

田间症状 该病能够为害樱桃叶片、果实及新梢。叶片被害后，出现圆形红褐色病斑，后逐渐扩大，后期病斑呈灰白色、茶褐色（图2），提前落叶；幼果被害后，病斑呈暗褐色，病部凹陷、硬化，发育停止，成熟果实被害后，病斑凹陷，湿度大时病部会形成带有黏性的黄色孢子堆，排列成轮纹状，果肉变暗黑色，后期部分果实受害会形成僵果（图3）。

图2 樱桃炭疽病病叶
（A.正面 B.背面）

图3 樱桃炭疽病病果

发生特点

病害类型	真菌性病害
病 原	悦色盘长孢菌（*Gloeosporium laeticolor* Berk.），属半知菌亚门炭疽菌属
越冬场所	以菌丝体或分生孢子器在枝梢、僵果等病残体中越冬
传播途径	翌年气温回升时，降雨后产生大量分生孢子，随风雨及昆虫传播
发病原因	发病时间、程度与当地降雨的早晚及降雨时间密切相关，降雨频繁、田间湿度大易发病

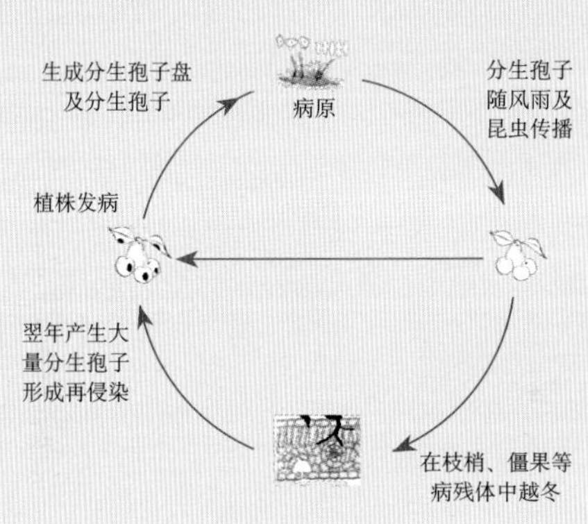

防治适期 发病重的果园防治适期在樱桃花谢后7 ～ 10天。

防治措施

（1）**农业防治** 注意田园清洁工作，及时剪除病枝、清扫落叶及摘除病果等，将病残体带园外集中烧毁，同时增施有机肥，增强树势，提高抗病能力。有条件的果园提倡避雨栽培。

（2）**化学防治** 在樱桃花谢后10天后开始喷药，每隔10天喷1次连喷2 ～ 3次，可选用45%咪鲜胺乳油1 000 ～ 1 500倍液、30%戊唑•多菌灵悬浮剂800 ～ 1 000倍液、41%甲硫•戊唑醇悬浮剂700 ～ 800倍液、450克/升咪鲜胺乳油1 000 ～ 1 500倍液、10%苯醚甲环唑1 500 ～ 2 000倍液、430克/升戊唑醇悬浮剂3 000 ～ 4 000倍液。

樱桃细菌性穿孔病

樱桃细菌性穿孔病

樱桃细菌性穿孔病是樱桃植株上常见的病害之一，发生严重时能造成大量落叶。

田间症状 叶片、枝条、果实均可发病。叶片染病初期出现半透明淡褐色水渍状小点，扩大成紫褐色至黑褐色圆形或不规则形病斑，边缘角质化，病斑周围有水渍状淡黄色晕环，后期病斑干枯，病斑脱落形成穿孔（图4）。果实染病后，果面出现暗紫色中央稍凹陷的圆斑，边缘水渍状。天气干燥时，病斑及其周围呈裂开状，露出果肉，易被腐生菌侵染引起果腐。枝条染病后，生成溃疡斑，春季枝梢上形成暗褐色水渍状小疱疹块，可扩展至1 ~ 10厘米，夏季嫩枝上产生水渍状紫褐色斑点，多以皮孔为中心，圆形或椭圆形，中央稍凹陷。

图4　樱桃叶部症状

A.叶部初期病斑呈淡褐色水渍状　B.叶部褐色病斑　C、D.叶片穿孔

发生特点

病害类型	细菌性病害
病　原	*Xanthomonas pruni* (Smith) Dowson，为黄单孢菌属桃李穿孔变种
越冬场所	病菌在落叶或枝条病组织（主要是春季溃疡病斑）内越冬
传播途径	翌年随气温升高，潜伏在病组织内的细菌开始活动。樱桃开花前后，细菌从病组织中溢出，借助风、雨或昆虫传播，经叶片的气孔、枝条和果实的皮孔侵入
发病原因	叶片一般于5月中、下旬发病，夏季若干旱，病势进展缓慢，到8～9月秋雨季节又发生后期侵染，常造成落叶。温暖、多雾或雨水频繁适于病害发生。树势衰弱或排水不良、偏施氮肥的果园发病常较严重

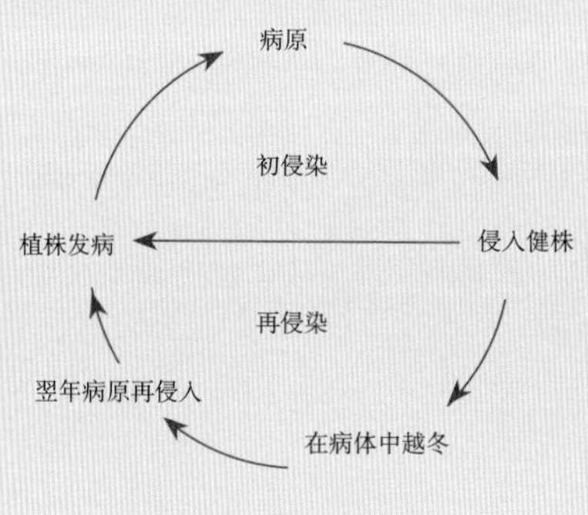

防治适期 樱桃植株花谢后开始化学防治。

防治措施

（1）**农业防治**　一是加强果园管理，增施有机肥，避免偏施氮肥。注意果园排水，合理修剪，降低果园湿度，使通风透光良好；二是结合修剪，彻底清除枯枝、落叶等，集中烧毁；三是樱桃要单独建园，不要与桃、李、杏等核果类果树混栽。

（2）**化学防治**　萌芽前喷5波美度石硫合剂，谢花后喷20%噻唑锌悬浮剂300倍液，每隔15天喷洒1次，连续喷2～3次。

樱桃黑斑病

樱桃产区发生普遍，发生严重时，对樱桃树势、果实产量及品质影响大。

田间症状 主要为害大樱桃果实，也能为害叶片。果实被病原侵染后，常在果柄萼洼处发病，发病早期果面上形成黑褐色圆形或不规则斑点，常伴有轮纹晕圈，逐渐扩展蔓延，形成大小不一的黑色斑块，湿度大时斑块上有黑色的霉层，后期病患处组织僵硬，导致果面开裂，全果变黑，果面严重凹陷或腐烂，最后形成僵果悬挂枝上经久不落或腐烂病果直接脱落于地表（图5）。叶片受害后，形成不规则紫褐色的病斑，后期病斑脱落，形成边缘褐色的穿孔，部分老叶受害后呈焦枯状。

樱桃黑斑病

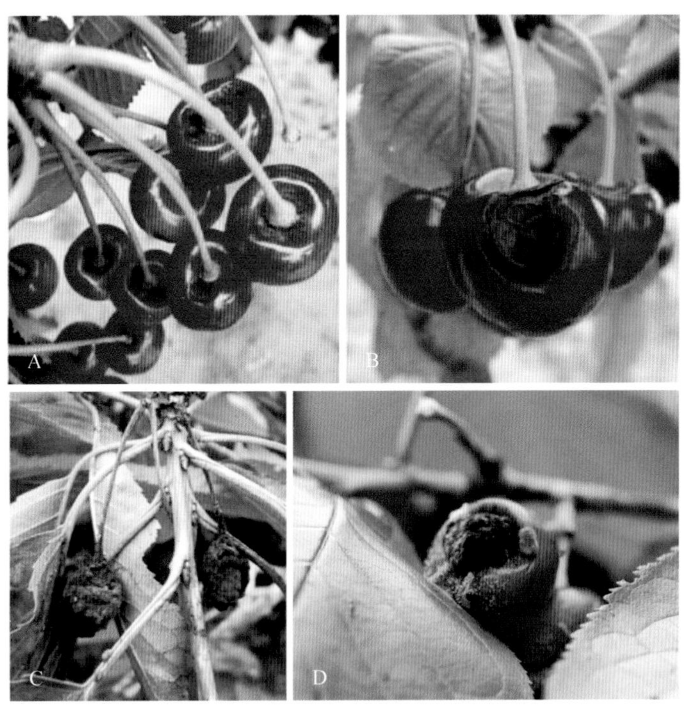

图5　樱桃黑斑病病果
（A ~ C引自赵远征等，2013）

发生特点

病害类型	真菌性病害
病　原	交链格孢（*Alternaria alternate*）和细极链格孢（*Alternaria tenuissima*），属子囊菌座囊菌纲格孢腔菌目格孢腔菌科
越冬场所	该病以菌丝体或分生孢子在病残体中越冬
传播途径	翌年4月借雨水、风或昆虫传播，形成再侵染
发病原因	5～9月为发病盛期，雨水是该病害流行的主要条件，雨季来临早而雨量大的年份发病重，通风不良、低洼积水的果园易发生

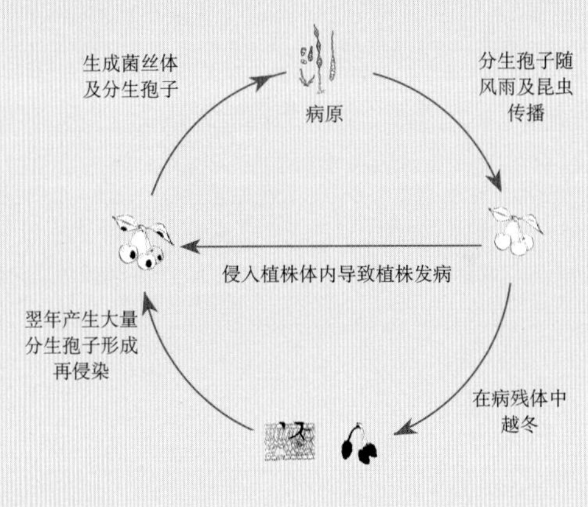

防治适期 樱桃花谢后7天。

防治措施

（1）**农业防治**　一是增施磷、钾肥及有机肥，增加树势；二是结合冬季清园修剪，清除病残体。

（2）**化学防治**　花谢后7天开始用药，每隔10天喷1次，连喷1～2次，可选用25%咪鲜胺水乳剂1 000～1 500倍液、50%咪鲜胺锰盐可湿性粉剂1 500倍液等。

樱桃白粉病

樱桃产区发生普遍，设施栽培条件下蔓延迅速、为害重，是樱桃上主要病害之一。

田间症状 叶片、果实均可发病。叶片染病后，叶面上呈现白色粉状菌丛，菌丛中散生黑色小球状物病原菌的闭囊壳（图6）。果实染病后，果面出现白色圆形粉状菌丛，后来病斑逐渐扩大，后期果实病斑及附近表皮组织变浅褐色，病斑凹陷、硬化或龟裂。

图6　樱桃白粉病病叶

发生特点

病害类型	真菌性病害
病　原	三指叉丝单囊壳菌[*Podosphaera tridactyla* (Wallr.) de Bary]（图7），属子囊菌亚门叉丝单囊壳属
越冬场所	病菌以闭囊壳越冬
传播途径	翌年春季病菌随病芽萌发产生的分生孢子或闭囊壳中形成的子囊孢子成为初次侵染源，产生的子囊孢子借气流和雨水传播
发病原因	白粉菌为专化型外寄生菌，不同品种表现不同，温暖潮湿、高氮低钾、果园郁蔽、枝叶旺长利于病害的发生蔓延

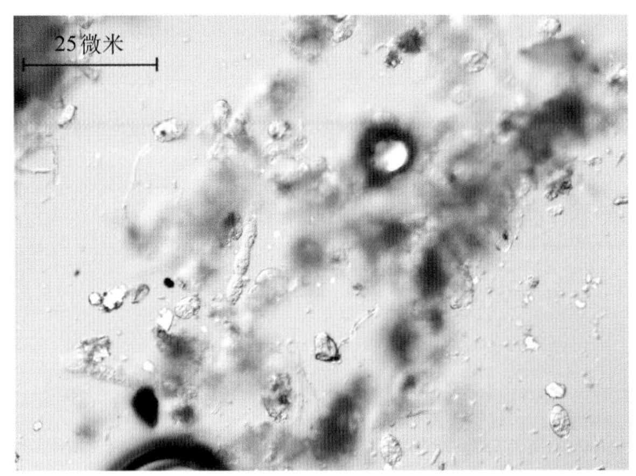

图7 樱桃白粉病病原

防治适期 发病初期。

防治措施

（1）**加强栽培管理** 冬季清理果园，扫除落叶，集中烧毁，降低越冬菌源基数；加强果园管护，提倡配方施肥，科学修剪，注意及时排水，保持果园通风透光。

（2）**化学防治** 冬季修剪后喷施3～5波美度石硫合剂，发病初期可选用80%硫黄水分散粒剂800倍液、40%腈菌唑可湿性粉剂、50%醚菌酯水分散粒剂4 000倍液、1 000亿/克枯草芽孢杆菌可湿性粉剂1.05～1.26千克/公顷，喷施1～2次。

樱桃灰霉病

樱桃产区发生普遍，设施栽培条件下蔓延迅速、为害重，是樱桃上主要病害之一。

樱桃灰霉病

田间症状 该病主要为害樱桃花序、叶片、果实及新梢。花序受害后，花瓣脱落；叶片和果实受害后，受害部位出现油渍状斑点，逐渐扩大呈不规则大斑，叶片脱落，果实逐渐变褐腐烂（图8）；新梢受害后，病部变褐色并稍呈萎缩状且枯死，其上产生灰色毛绒霉状物。

图8　樱桃灰霉病症状
（A、B.病果　C.病叶）

发生特点

病害类型	真菌性病害
病　原	无性态为子囊菌门锤舌菌纲柔膜半知菌亚门葡萄孢属灰葡萄孢菌（*Botrytis cinerea* Pers.），有性态为子囊菌门核盘菌属富氏核盘属菌[*Botryotinia fuckeliana* （de Bary）Whetzel]，在病害循环中主要以无性态为主
越冬场所	主要以分生孢子、菌丝以及菌核在土壤中和病残体上越冬
传播途径	翌年春季越冬的分生孢子成为初侵染源，病残体上的菌丝体、分生孢子借助气流、雨水进行传播，侵染植物后发病部位产生的分生孢子成为再侵染源
发病原因	连续降雨、果园湿度大、低洼地排水不畅发生严重

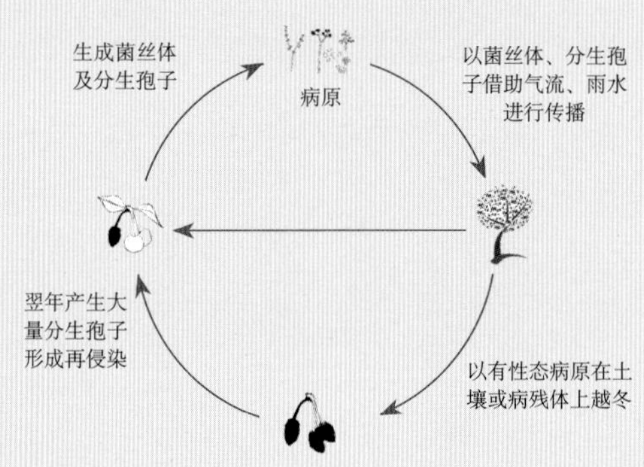

防治适期 樱桃芽萌动期。

防治措施

（1）**加强栽培管理** 冬季清园，清除果园中病残体，集中烧毁或深埋，减少越冬病原基数；加强水肥管理，施足基肥，增施磷、钾肥，使果树生长健壮，抗病能力增强；及时做好害虫的防治工作，防止病原菌以害虫作为媒介进行传播。

（2）**化学防治** 使用化学杀菌剂仍然是生产中防治樱桃灰霉病最主要的手段。樱桃萌芽前，喷施4 ～ 5波美度石硫合剂。发病初期，喷施75%肟菌·戊唑醇水分散粒剂3 000倍液、24%腈苯唑悬浮剂3 000倍液、43%戊唑醇悬浮剂2 500倍液。

樱桃树木腐病

樱桃产区普遍发生，管理差、虫害发生重的果园易严重发生。

田间症状 该病又称心腐病，是五年生樱桃树上常见的一种病害，主要为害樱桃树的木质心材部分，使心材腐朽。主要症状是在虫伤口、机械损伤口或其他伤口长出圆头状的子实体，形状主要为半圆伞形，上部有轮纹，初始坚硬乳白色，后变为黄褐色，也有半圆扇状菌伞，周缘向下弯曲，有菌褶，呈千层菌状，颜色为灰白色（图9）。

图9　樱桃树木腐病为害状

发生特点

病害类型	真菌性病害
病　原	担子菌亚门层孔菌属暗黄层孔菌（*Fomes fulvus*）
越冬场所	病原菌在受害樱桃树的枝干上可以长期存活
传播途径	病原菌以子实体产生的担孢子随风雨传播，主要通过机械伤口、虫伤口或其他伤口侵入
发病原因	老龄树及长势弱的树易严重发生

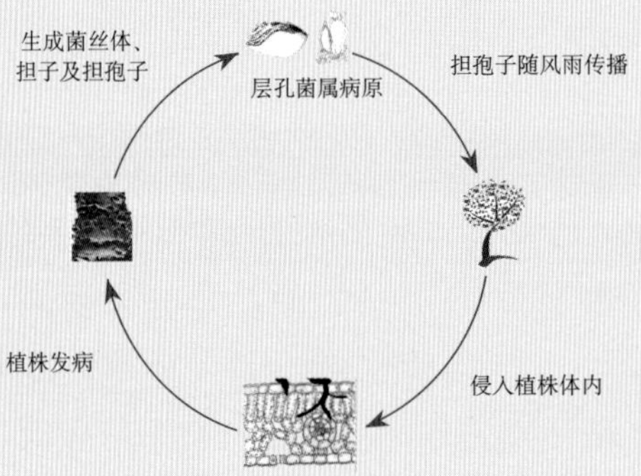

防治措施

(1) **铲除病原**　发现病树，立即铲除子实体，并用43%戊唑醇悬浮剂500倍液涂抹伤口，将子实体带出园外集中烧毁。

(2) **加强对钻蛀性害虫的防治**　特别是天牛、吉丁虫等钻蛀性害虫，减少其为害所造成的伤口。

樱桃膏药病

樱桃膏药病在多种果树上均可发生，在介壳虫发生重的果园易严重发生。

田间症状　该病通常在二年生以上的树干上发生，主要在背阴面的较粗的枝干，表现为圆形、椭圆形的菌膜组织，菌膜灰色，整个菌膜具有轮纹，比较平滑。整个菌膜像膏药，故称“膏药病”，发病严重的树上，多个菌膜连成一片，包被了大部分树干，导致树势衰弱、叶片发黄或枯死（图10）。

图10 枝干被害状

发生特点

病害类型	真菌性病害
病 原	担子菌亚门隔担耳属柄隔担耳菌（*Septobasidium pedcellatum*）
越冬场所	以菌丝体在染病枝干上越冬
传播途径	翌年雨水充足时产生担孢子，借气流、介壳虫传播扩散发病，孢子萌发后以介壳虫分泌物为营养，形成新的菌膜，不侵入寄主体内
发病原因	该病与介壳虫伴随发生，树势弱、果园郁蔽、湿度大、介壳虫发生危害重，易发病

防治适期 本病的发生与介壳虫关系紧密，介壳虫幼虫盛期为防治适期。

防治措施

（1）**农业防治** 冬季清园时，科学修剪；增施有机肥，提高树体抗病能力；雨季来临时开沟排水，保持园内通风透光；发现病株要刮除菌膜，并涂抹5 ~ 6波美度石硫合剂。

（2）**化学防治** 在介壳虫若虫孵化期，喷施24%螺虫乙酯悬浮剂4 000 ~ 5 000倍液、99%SK矿物油100 ~ 200倍液防治。

樱桃侵染性流胶病

樱桃树侵染性流胶病

田间症状 樱桃植株主干、主枝和各级侧枝上均可发病。枝干受害后，表皮组织皮孔附近出现水渍状或稍隆起的疣状突起，用手按，略有弹性，后期“水泡状”隆起开裂，下部皮层或木质部变褐坏死腐朽，从中渗出胶液，初为淡黄色半透明稀薄而有黏性的软胶，树胶与空气接触后逐渐变为黄色至红褐色，呈胶冻状，干燥后，变成红褐色至茶褐色硬块（图11），质地变硬呈结晶状，吸水后膨胀成为冻状的胶体。如果枝干出现多处流胶，或者病组织环绕枝干一周，将导致以上部位死亡。当年生新梢受害，以皮孔为中心，产生大小不等的坏死斑并流胶。果实发病时，果肉分泌黄色胶质溢出果面，病部硬化，严重时龟裂。

图11　枝干被害状

发生特点

病害类型	真菌性病害
病　原	贝伦格葡萄座腔菌(*Botryosphaeria berengeriana* de Not.),属子囊菌亚门
越冬场所	病菌以菌丝体、分生孢子器、子囊座在被害枝条中越冬
传播途径	翌年4月初产生分生孢子，通过雨水和风力传播，经机械伤口或皮孔侵入植株
发病原因	枝干内潜伏病菌的活动与温度和湿度有关，温暖多雨天气有利于发病，高温时病害发生受到抑制

防治适期 发病初期为最佳化学防治适期。

防治措施

（1）**农业防治**　一是选择地势高、排水好的沙壤土建园；二是增施有机肥，适时追肥，增强树势；三是冬季修剪时，剪除病枯枝，带出园外烧毁；四是保护树体，防止冻害、日灼、虫害、机械损伤等造成伤口。

（2）**化学防治**　樱桃树萌芽前，喷施5波美度石硫合剂，发现流胶的位置，先将老皮刮除，再涂70%福美锌可湿性粉剂80倍液。发病初期喷施杀菌剂进行防治，可选用的药剂有80%代森锰锌可湿性粉剂600倍液、40%腈菌唑可湿性粉剂6 000倍液。

樱桃树腐烂病

田间症状 主要为害植株主干及主枝。发病初期，病部稍凹陷，可见米粒大小流胶，流胶下树皮呈黄褐色，发病后期病斑表面生成钉头状灰褐色的突起，病斑表皮下腐烂，湿度大时有黄褐色丝状物（图12）。

图12　枝干被害状

发生特点

病害类型	真菌性病害
病　原	*Valsa prunastri*(Per.)Fr.，属子囊菌亚门黑腐皮壳属
越冬场所	病菌以菌丝体、子囊壳及分生孢子器在树干发病组织中越冬
传播途径	翌年雨季来临时分生孢子借雨水传播，从植株伤口或皮孔侵入，冻害伤口是病菌侵入的主要途径
发病原因	该病菌属弱寄生菌，在树势较弱的植株上发病快，春季至秋季发病较快，冻害及管理粗放是引起该病主要因素，施肥不当（偏施氮肥）及雨水多易发病，果园土壤黏重、低洼排水不畅、结果过多、枝干害虫发生多时易大发生。

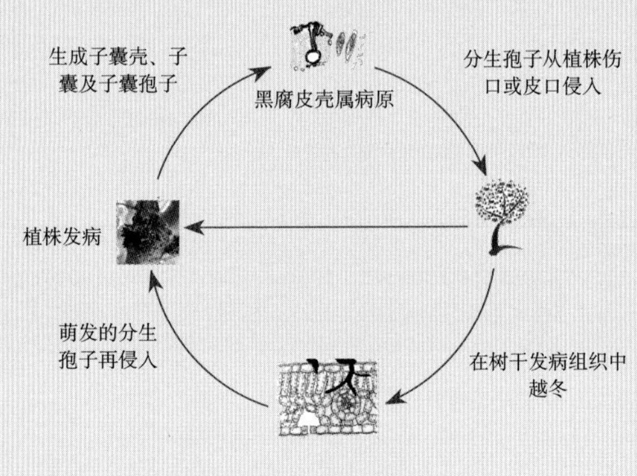

防治措施

（1）**加强栽培管理**　该病在管理差的果园易发生，因此要加强栽培管理，多施有机肥，增强树势。

（2）**冬季树干涂白**　可以防虫、防冻，从而减轻樱桃腐烂病的发生。

（3）**刮涂病斑**　发现病斑后用刀刮涂，用43%戊唑醇悬浮剂500倍液涂抹伤口，并再涂抹植物或动物油脂保护伤口。

樱桃褐腐病

樱桃褐腐病是樱桃生长前期普遍发生的病害，在山东、江苏、陕西、浙江等地均有发生，除了为害樱桃，还可为害桃、李、杏、梅等核果类果树。开花期和果实成熟期潮湿温暖的地区樱桃褐腐病发生重。此外，管理差的果园樱桃褐腐病发生严重。

田间症状 主要为害叶片、花、新梢、果梗与果实。叶片主要在早春展叶期受害，发病先从叶柄开始，逐渐蔓延至叶片，初期在叶片表面生成淡棕色病斑，后变棕褐色，病斑沿叶脉扩展，后期扩至全叶，叶柄至叶片叶脉部位有白色粉状物覆盖，叶片萎缩下垂（图13）；花器受害后，自雄蕊及花瓣尖端开始，先出现褐色水渍状斑点，逐渐扩散至全花，随即枯萎渐变成褐色，湿度大时表面形成一层灰褐色粉状物（图14）；该病蔓延到花梗、果梗及新梢上后，形成溃疡斑，病斑长圆形，中央稍凹陷，灰褐色，边缘紫褐色，常发生流胶（图15、图16）。果实生育期均可发病，以近成熟的果实为害重，幼果受害后，表面形成淡褐色小斑点，病斑逐渐扩大，病部颜色变为深褐色，发病后期幼果变黑色僵果，湿度大时，叶柄至僵果表面有白色粉状物覆盖；成熟果实发病后，初期表面生成淡褐色小斑点，迅速扩至全果，全果软腐，病斑表面产生大量灰褐色粉状物，常呈同心轮纹状排列，即病原菌的分生孢子团，在田间，病果腐烂或干缩成僵果悬挂枝上经久不落。

07

樱桃褐腐病

图13　叶部症状

A ~ C.叶片枯萎，叶脉、叶柄具白色粉状物　D.全株枯萎、下垂　E.发病严重、全株枯死

图14　花器症状

图15　新梢发病枯死

图16 果实症状
A、B.幼果 C、D.成熟果实

发生特点

病害类型	真菌性病害
病 原	果生核盘菌[*Monilinia fructicoa* (Wint.)Rehm.]，属子囊菌亚门核盘菌属（图17）
越冬场所	以菌核或菌丝体在病僵果、病枝或病叶中越冬
传播途径	翌年气温回升时，产生子囊孢子和分生孢子，借风雨或气流传播，从寄主植物的气孔、皮孔、伤口侵入
发病原因	该病在保护栽培条件下极易发病，当棚内湿度过大、通风不良、光照不足、温度较低的条件下极易发生流行；在普通果园内，花期遇连续阴雨天气易引起花腐，果实成熟期多雨，裂果多，易引起大发生

生成子囊、子囊孢子及分生孢子

病原

病原菌从植株的气孔、皮孔、伤口侵入

植株发病

翌年以分生孢子侵入

在病僵果、病枝或病叶中越冬

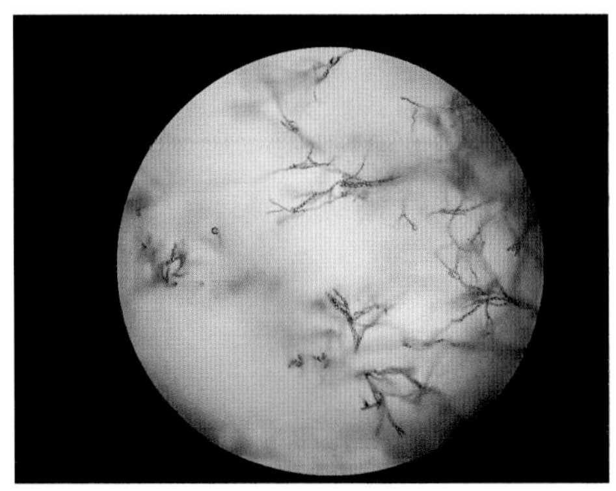

图17 果生核盘菌

防治适期 樱桃芽萌动期。

防治措施

（1）**加强栽培管理** 一是加强果园管理，增施有机肥，合理负载，增强树势；二是结合冬季清园及修剪工作，清除病残体，以消灭越冬菌源。

（2）**化学防治** 树芽萌发前，均匀喷施4 ~ 5波美度石硫合剂，谢花后喷施2次杀菌剂，间隔10 ~ 14天，可选的药剂有50%异菌脲悬浮剂1 000倍液或43%戊唑醇悬浮剂3 000倍液。

樱桃冠瘿病

樱桃冠瘿病又称樱桃根瘤病、樱桃根肿病，近年来呈加重蔓延趋势，是樱桃生产上一种毁灭性的病害。目前该病在我国樱桃种植局部区域为主要病害。

樱桃冠瘿病

田间症状 为害植株的根、主干、枝条等部位，发病初期为灰白色松软的瘤状物，后期增大变褐，并且前期触摸较嫩、表面光滑的瘤状物逐渐扩增成不规则的块状或椭圆状，地上部发病部位接触空气后表面变为黄褐色，干燥后则变为暗褐色的硬质胶块。直径较大的瘿瘤表面由于病斑外皮坏死脱落，而呈现出许多突起的小木瘤，表面龟裂、粗糙，呈菜花状，质地坚硬，瘤体生长的后期阶段呈现快速增长、增多，多则20个以上，严重的瘤体表面会伴有流胶的现象，大者直径可达10 ~ 20厘米，小的似核桃。瘤体流胶严重的将会破坏患病植株的输导组织韧皮部，进而阻碍营养物质的运输与传输，导致树体逐渐衰弱，甚至枯死（图18）。

图18　樱桃冠瘿病为害状

A～E.主干发病　F～G.根部发病　H.整株死亡

发生特点

病害类型	细菌性病害
病　原	根癌土壤杆菌[*Agrobacterium tumefaciens* (Smith et Townsend) Conn.]，属土壤杆菌属
越冬场所	病原菌主要在瘿瘤组织皮层内或土壤中越冬
传播途径	主要传播媒介为雨水和灌溉水，远距离传播的重要途径为感病苗木传播。在田间，病原菌主要从枝条、树干的伤口处侵入，通过与寄主细胞壁表面特殊的细菌侵染附着位点相结合而到达致病的目的
发病原因	当根癌土壤杆菌入侵后，寄主细胞常会因基因异常插入失控分裂而形成瘿瘤。国内研究表明，一般情况下，大龄树发病严重，主干上病斑大且伴随流胶，幼龄树则发病较轻，一般在主干或侧枝上。就土壤性状来说，李莹莹(2008)通过调查发现：碱性、黏重、排水不良的土壤发病较重，而沙壤土、中性或微酸性土壤、排水良好的土壤不容易发病。张建国(2002)研究发现，土壤pH在6.2 ~ 8.0范围内病原菌均能保持致病力，但当pH达到5或者更低时，带菌土壤则不能引起植株发病，而且田间偏施氮肥、负载量过大、园内郁蔽、地势低洼等因素也会更进一步加重樱桃冠瘿病的发生

防治措施

(1) **法规防治**　苗木调运前必须经过检疫，坚决杜绝带病苗木传播。

(2) **农业防治**

①选用抗病力强的砧木。苗木出圃前要进行检查，剔除病苗，砧木种子要用5%次氯酸钠进行消毒处理。嫁接接穗时，避免伤口与土壤接触是

减轻病原菌侵染的主要方法。同时应注意嫁接农具与刮除病斑前后使用刀具的消毒处理。

②强化果园管护。及时清除果园中残枝等病残体，开展中耕除草，多施腐熟的有机肥，增强树势。

③改良土壤pH。果园土壤呈碱性时，适当施用酸性肥料或增施有机肥调节土壤pH，使之不利于病菌的生长与侵染。

（3）**化学防治** 苗木定植前，对接口以下部位用1%硫酸铜溶液浸泡5分钟，再放入2%石灰水中浸泡1分钟。定植后瘿瘤始发时（小而密），可选用43%戊唑醇悬浮剂3 000倍液进行喷雾处理；瘿瘤增大木质化后，采用刮除涂抹药剂法，尽可能彻底刮除瘤体（深至木质部）及瘿瘤流胶，再用20%噻唑锌悬浮剂50倍液和3%抑霉唑原药涂抹伤口。药剂涂抹应覆盖正常树皮1 ～ 2厘米，外涂凡士林保护，刮除刀具应在每次使用前后用75%乙醇进行消毒处理。

樱桃植原体病害

植原体是一类没有细胞壁的细菌，不能人工培养，是存在于植物韧皮部筛管细胞内的专性寄生菌，主要依靠叶蝉、飞虱等半翅目昆虫传播，也可通过菟丝子和嫁接传播，能够引起植物出现花变叶、丛枝、簇生、黄化等症状。近年来，随着农业产业结构的调整，樱桃种植面积不断扩大，该病也呈多发趋势，目前四川、重庆、山东、贵州等地均有发生报道。

田间症状 樱桃幼树和成龄树上均有发生。花变叶、花变绿和丛枝是植原体病害的典型症状。花变叶症状主要表现为生长花的部位生长出叶片，而花变绿的症状主要表现为花瓣变为绿色，丛枝症状主要表现为感病枝条所有腋芽都萌发成枝条，呈丛簇状。樱桃植株感病后，枝条顶端优势不明显，开花延迟，花瓣明显变为绿色，花萼和花瓣均变为叶片状。同一植株上，花变叶症状出现的位置和时间也不一样，有的枝条上所有的花瓣均变为叶片状，也有的枝条上部分花瓣变为叶片状，有的花瓣全部变成绿色叶片，有的花瓣只有部分变为绿色。发病严重时心皮变成叶片状，萌发为丛枝状新梢和叶片，受害植株不能结果或者果实畸形或果实不能正常膨大成熟，成为僵果，树势衰退，后期植株整株枯死（图19）。

图19　樱桃植原体病害为害状

A.僵果　B.受害植株　C、D.花变绿　E.花变叶　F.整枝发病

发生特点

病害类型	细菌性病害
病　原	已知的樱桃植原体属于5个不同的核糖体群，即16Sr Ⅰ、16Sr Ⅱ、16Sr Ⅲ、16Sr Ⅻ-A和16Sr Ⅹ组植原体。我国已报道的樱桃植原体有引起樱桃丛枝病、樱桃花变叶病、樱桃花变绿病的3种植原体同属16Sr Ⅴ-B亚组
传播途径	植原体主要靠吸食植物韧皮部汁液的叶蝉、蚜虫等昆虫传播，也可通过人工嫁接和菟丝子传播
发病原因	目前多数专家认为植原体的侵染干扰了植物的激素水平、糖类的替代途径、光合作用等，导致了症状的发生

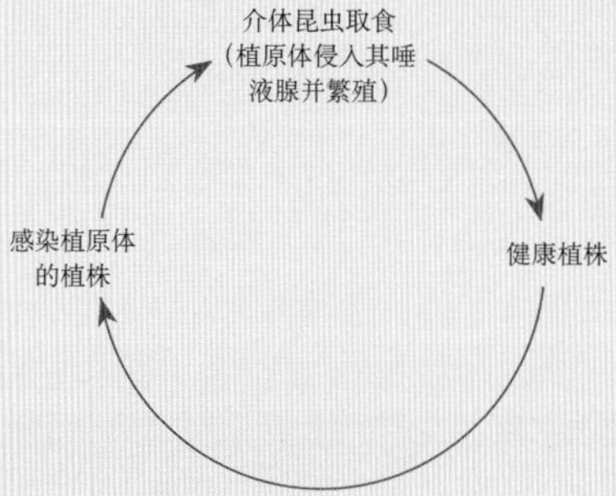

防治适期 介体昆虫传播是植原体病害传播的主要途径，因此防治期是介体昆虫防治适期，一般为5～9月蚜虫、叶蝉、飞虱等初孵若虫期。

防治措施

（1）**加强检疫** 可大大降低植原体病害传播扩散的风险。植原体病害早期不易诊断发现，而樱桃苗木植原体检疫尚未受到重视，加大了病害发生和传播的风险。因此，需加强苗木的植原体检疫，防止病害在地区间传播。同时，也应定期对苗木繁育基地进行检疫，及时发现并清除病原。

（2）**治理介体昆虫** 介体昆虫必须及时治理，主要通过药剂防治实现。对发生病害的园区，除防治常规害虫外，还应重点加强对叶蝉、蚜虫等介体昆虫的防治，早春萌芽前树体喷布石硫合剂，盛花后、为害盛期和世代交替期，选择阴天或晴天下午喷金龟子绿僵菌、苦参碱等生物药剂，如遇介体害虫暴发时及时选用甲氰菊酯等化学药剂进行防控。

（3）**治理寄主** 植原体侵染樱桃后会沿筛管扩散至全树韧皮部，难以根除，因此田间发现樱桃出现丛枝、花变绿等症状后，应及时清除病树，防止病原扩散。在植原体侵染已普遍发生的地区，应随时去除病枝、病树，并配合使用土霉素、脱甲基氯四环素等四环素抗生素类抑制病原活动。

樱桃病毒病

植株一旦染毒终生带毒，发生严重时对樱桃的产量和品质影响大，是樱桃产区的主要病害之一。有报道称李属坏死环斑病毒侵染樱桃后，可使果园产量明显减产25%～50%，有些株系造成减产可达50%以上，如果两种以上病毒复合侵染，减产幅度更大。

田间症状 病毒能为害樱桃整个植株，不同的病毒引起的症状不同（图20），李属坏死环斑病毒（PNRSV）表现症状常为叶片呈现破碎状及产生耳突，部分坏死或提前脱落。李矮缩病毒（PDV）常引起樱桃黄花叶病、樱桃褪绿环斑病，表现症状常为树体长势衰弱、发育不良和叶片畸形、褪绿环斑、坏死斑、黄化花叶。值得注意的是PDV的症状同PNRSV侵染植物的症状相似，都会产生坏死斑和黄化环斑，两种病毒常常相伴随系统性发生。樱桃卷叶病毒（CLRV）表现症状常为新梢和叶芽明显伸长、开花推迟且植株长势衰弱，叶片边缘

樱桃病毒病

向上卷起，类似枯萎，部分叶片在生长时期会变成紫红色或产生浅绿色的环斑。感染病毒的植株苗木在嫁接时，成活率显著降低。苹果褪绿叶斑病毒（ACLSV）症状特点是在叶片上出现带状的褪绿斑，最终坏死。

图20 樱桃病毒病病叶

发生特点

病害类型	病毒性病害
病 原	侵染樱桃的病毒有多种，据国际上报道樱属病毒病主要有68种，已确定的樱桃病毒病有36种，在我国樱桃种植区有几种重要的病毒，分别是李属坏死环斑病毒（*Prunus necrotic ringspot virus*，PNRSV）、李矮缩病毒（*Prune dwarf virus*，PDV）、苹果褪绿叶斑病毒（*Apple chlorotic leaf spot virus*，ACLSV）、樱桃卷叶病毒（*Cherry leaf roll virus*，CLRV）等

（续）

发病特征	一是系统侵染性，植株感染病毒后，短时间内扩展全株带毒；二是具有潜伏性，即病毒在树体内增殖并扩散到整株，而初期树体不表现明显的外部症状，难以察觉，但随着树体的生长和繁殖，病毒会逐年积累增多；三是可嫁接传播，嫁接是细胞间的融合，病毒未脱离活体寄主，从带毒植株上剪取穗繁殖材料成为传播病毒病重要途径；四是混合侵染，生产上樱桃果树被多种病毒同时侵染的比例高，主要是樱桃树是长期靠营养繁殖而来的多年生植物，如果用带毒的接穗去育苗或高接换头，而且砧木或原树体还带有不同的病毒，那么这些病毒就会出现在接穗、砧木或原树体中，导致多种病毒同时侵染同一寄主的情况
传播途径	上述病毒均可通过繁殖材料、嫁接等途径传播，除此之外，李属坏死环斑病毒（PNRSV）还可通过花粉、线虫传播，樱桃卷叶病毒（CLRV）病毒可通过机械损伤、昆虫等途径传播，苹果褪绿叶斑病毒（ACLSV）可通过无性繁殖材料传播
发病原因	受病毒侵染后，随着树体的生长和繁殖，病毒会逐年积累增多导致植株发病

防治措施

（1）**铲除毒源** 樱桃感染病毒病后难以治愈，隔离毒源和中间寄主是有效措施，发现病株后立即铲除植株，并在园外销毁。

（2）**使用无病毒繁殖材料** 建立隔离区培育健康苗木，建成原原种、原种及良种圃繁育体系，生产优质无毒苗木。

（3）**控制传毒媒介** 及时防治叶蝉、蚜虫等媒介昆虫，避免通过这些昆虫传播病毒，同时不用带毒树上的花粉进行授粉。

（4）**药剂防治** 初发病时，每7天喷施1次1%香菇多糖水剂750倍液，连施2～3次。

樱桃根朽病

樱桃根朽病又名樱桃根腐病，在我国大部分果区均有发生，是一种常见的根部病害，主要在成龄果树中发生，老龄树受害重，不仅为害樱桃，还为害苹果、梨、桃、杏、李、核桃、柿、栗、枣、山楂、石榴等果树和杨、柳、榆、桑、刺槐等林木。

田间症状 该病主要为害根颈部，后扩展至根部，植株受害后，在腐烂皮层及木质部之间布满白色至淡黄色的扇形菌丝层，刚生长的菌丝层在暗处可发蓝绿色的荧光，始病期仅见皮层变褐、坏死，逐渐加厚并具弹性，

后期病部皮层逐渐腐烂，木质部也朽烂破碎（图21）。高温多雨季节，病树基部及断根处可长出成丛的蜜黄色的蘑菇状物，即病菌子实体。少数根或根颈部刚开始受害时，植株地上部不会表现出明显异常，随腐烂根的增加及病情的加重，地上部逐渐表现出各种生长不良症状，如叶色褪绿、叶形不正、叶缘上卷、展叶迟而落叶早、坐果率降低、新梢生长量小、叶片变黄、变小等（图22），后逐渐导致全树干枯死亡，从染病开始出现症状至死亡一般不超过3年。

图21 根部腐烂

图22 叶片变黄（大树衰弱）

发生特点

病害类型	真菌性病害
病　原	病原为发光假蜜环菌[*Armillariella tabescens*(Scop.ex Fr.)Singer]，属于担子菌亚门层菌纲伞菌目
越冬场所	以菌丝体（层）在田间病残体上越冬，病残体腐烂分解后病菌也随之消亡
传播途径	病残体在田间的移动及病健根接触是传播的主要方式，病原主要从伤口侵入，也可从衰弱根部直接侵染
发病原因	老果园或者老果园改建的果园因病残体或病原多而易发病，土壤板结、积水、贫瘠以及肥水不当均可引起根发育不良，降低其抗逆性，利于该病的发生。树势衰弱的植株发病快，易导致全株枯死

防治措施

(1) **科学建园** 建园时选择没有种过果树或林木的地块，如果选在老果园、旧林地等建园，则须彻底清除树桩、残根、烂皮等病残体，并对土壤进行处理，如灌水、翻耕、晾晒等，促进病残体腐烂分解。

(2) **病树治疗** 发现病树后，首先要从根颈部向下寻找发病部位，挖开树基土壤，寻找病部，确定患病部位后，将受害支根与大根上的局部受害组织及菌丝体彻底清除。局部皮层腐烂的，用刀刮除病斑；整条根腐烂的，要从植株基部锯除，并将病根挖除干净。切除的病根和病根周围的土壤要带出园外集中烧毁。清除受害部位造成的伤口用药剂涂抹伤口，后用无病菌新土覆盖。

推荐药剂：30%戊唑·多菌灵悬浮剂50 ~ 100倍液、41%甲硫·戊唑醇悬浮剂50 ~ 100倍液、77%硫酸铜钙可湿性粉剂50 ~ 100倍液、2 ~ 3波美度石硫合剂等。治疗后，对病株要进行修剪地上部，以减少蒸腾及营养消耗。

樱桃白纹羽病

樱桃白纹羽病是樱桃根部一种常见病害，该病还可为害苹果、梨、桃、李、杏、葡萄、枣、核桃、柿、茶、桑、榆、栎、甘薯、大豆等多种果树、林木及农作物。

田间症状 该病主要为害樱桃植株根部（图23），发病多从细侧根开始，细根染病后表现霉烂，后蔓延至主根和侧根。病根上缠绕白色或灰白色丝网状菌丝层，病根皮层腐烂，木质朽枯。发病后期，霉烂根外部的栓皮层如鞘状套于木质部外，木质部表面有时产生黑色菌核，近土面根际会出现灰褐色或灰黑色的绒状菌丝膜。植株受害后，地上部分初期表现生长较弱，但外观与健树无异，待根系大部分受害后表现树势衰弱、叶片下垂萎凋。该病在苗木上最常见，幼龄树苗发病后几周内即枯死。大树受害后，一年至数年内也会死亡。

图23 樱桃白纹羽病为害状

A ~ C.病根 D.根部病害地上部症状

发生特点

病害类型	真菌性病害
病　原	病原为褐座坚壳[*Rosellinia necatrix* (H-art.)Ber.J.]，属子囊菌亚门座坚壳属
越冬场所	病菌主要以菌丝或菌丝膜、菌素或菌核在田间病残体上或土壤中越冬，菌素、菌核在病残体中可存活5 ~ 6年以上。环境条件适宜时(气温18℃以上，一定的湿度条件下)在病根上越冬的病菌长出营养菌丝，继续侵染为害使根部失去吸收能力，被害根逐渐软化腐烂

（续）

传播途径	传播方式主要有两种，一是病残体在田间的移动及病健根接触传播，二是通过带病苗木调运传播，通过各种伤口侵入为害
发病原因	在带菌土壤中育苗或栽培果树容易发病。果园管理不当造成的机械伤和虫伤，特别是根颈处有机械伤口，可加重病害的发生。土壤板结、排水不良、湿度过大、土壤瘠薄、酸性过大等都会导致或加重病害的发生。生长健壮、根系发达、侧根和须根多的苗木不易感病；主根粗短，侧根和须根少的苗木极易感病。苗木患病后有较长的潜伏期，在定植2 ～ 3 年后、主干直径4 ～ 6厘米时仍可发病死亡

防治措施

（1）**科学建园**　参照樱桃根朽病。

（2）**选用无病苗木，苗木调运时严格进行检查**　杜绝使用病苗圃的苗木，对已调入的苗木要彻底剔除病苗，并对剩余苗木进行消毒处理，一般使用70%甲基硫菌灵可湿性粉剂600 ～ 800倍液或77%硫酸铜钙可湿性粉剂500 ～ 600倍液浸泡3 ～ 5分钟后栽植。

（3）**病树治疗**　参考樱桃根朽病。

樱桃白绢病

樱桃白绢病在我国各果区均有不同程度的发生，除樱桃外，也为害苹果、梨、葡萄、桃、杏、枣、核桃、山楂、茶、杨、柳、桑、榆、刺槐、甘薯、花生等多种果树、林木及农作物。

田间症状　主要侵染植株根颈部，可扩展至主根基部，为害时根颈部表面布满白色菌丝（图24），后期病部渐变褐色，上有菜籽状黑色菌核，根颈部受害初期病部呈水渍状，并溢出淡褐色汁液，后期皮层腐烂，腐烂皮层散发酒糟气味，树苗、幼龄树及成年树均可发病，一年至数年死亡。

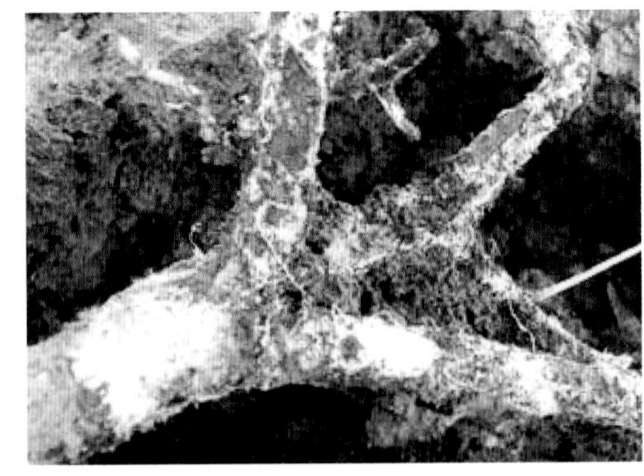

图24　根颈部布满白色菌丝
（引自汪霞等，2016）

病害类型	真菌性病害
病原	有性阶段为白绢薄膜革菌[*Pellicularia rolfsii*(Sacc.) West.]，属担子菌亚门，无性阶段为齐整小核菌(*Sclerotium rolfii* Sacc.), 属半知菌亚门
越冬场所	以菌核、菌丝在田间病株、病残体及土壤中越冬
传播途径	菌核萌发的菌丝及田间菌丝体主要通过各种伤口进行侵染，尤以嫁接口为主，有时也可从近地面的根颈部直接侵入，菌丝蔓延扩展，菌核随水流或耕作移动，也可通过苗木调运进行传播
发病原因	在带菌土壤中育苗或栽培果树容易发病。果园管理不当造成的机械伤和虫伤，特别是根颈处有机械伤口，可加重病害的发生。土壤板结、排水不良、湿度过大、土壤瘠薄、酸性过大等都会导致或加重病害的发生

防治措施 参照樱桃白纹羽病。

樱桃生理性流胶病

田间症状 主要发生于主干、主枝，从伤口或裂口处流出乳白色半透明胶体黏液，并逐渐变黄呈琥珀色（图25），对树体发育影响较大。严重时，可使树势衰弱、枝干死亡。

图25　樱桃生理性流胶病

发生特点

病害类型	生理性病害
发病原因	高温、高湿环境下该病易严重发生。病害、虫害、冻害、机械伤等造成的伤口是引起樱桃生理性流胶病的重要因素，同时修剪过度、施肥不当、水分过多、土壤理化性状不良等也可引起流胶

防治适期 樱桃生理性流胶病发生初期刮治一次，治愈率约95%，其他时期则比较难一次性治愈，需多次用药。

防治措施

（1）**农业防治** 增施有机肥，防止旱、涝、冻害，树干涂白，预防日灼，加强蛀干害虫防治，修剪时尽量减少伤口，避免机械损伤。

（2）**化学防治** 喷施0.136%芸薹·吲乙·赤霉酸可湿性粉剂（碧护）3～6克/亩*等增强树势，提高树体自身抵抗能力，在伤口处涂抹1.5%噻霉酮、78%波尔·锰锌或50%氯溴异氰尿酸，并全园喷雾。

易混淆病害 樱桃侵染性流胶病与樱桃生理性流胶病两者症状相似，很难从外观上区别，建议让专业机构协助鉴定。

樱桃裂果病

田间症状 果皮胀破，果实出现不同程度的果肉和果核外露（图26），易染病菌和招致虫害。

樱桃裂果病

图26 樱桃裂果病病果

发生特点

病害类型	生理性病害
发病原因	果实膨大期时，久旱骤降雨或连续降雨，水分通过根系输送到果粒，使果粒细胞吸水后迅速膨大，胀破果皮

* 亩为非法定计量单位，1亩≈667米^2。——编者注

防治措施

（1）**选用相对抗裂果的品种** 如拉宾斯、先锋、柯迪娅、萨米特等。

（2）**选择在沙壤土上建果园** 沙壤土土质疏松、透气性好，调节土壤含水量能力高。

（3）**合理调节土壤水分** 果实进入膨大期后，土壤不可过干或过湿。

（4）**喷施钙肥** 对树体缺钙的果园，在果实转色至采收前，连续喷施3次0.3%氯化钙，7天1次，能有效减轻裂果的发生。

（5）**设施栽培** 有条件的区域可以推广设施栽培和避雨栽培，这是防止裂果最有效措施。

樱桃畸形果

田间症状 主要表现为单柄联体双果、单柄联体、尖头果等（图27），影响樱桃的外观品质。在花芽分化期间，高温可引起翌年出现畸形果的发生。

樱桃畸形果

图27 樱桃畸形果

A～C.单柄联体双果 D.尖头果

发生特点

病害类型	生理性病害
发病原因	在花芽生理分化期遇上持续高温天气，导致花芽异常分化形成双雌蕊花芽

防治措施 选择适宜的品种；及时摘除畸形花、畸形果。设施栽培的樱桃，要积极进行棚内湿度调控，采后转半露天管理以后，在高温季节要采取遮阳和喷灌措施，调节环境小气候内的高温。

樱桃缩果病

樱桃缩果病又称缺硼症，是由于土壤中缺少硼元素而引起的生理性病害。

田间症状 主要果实发病，其次新梢和叶片也可表现症状。果实发病初期果皮表面暗绿色，后期暗红色，随着发病加重，果肉逐渐变褐至暗褐色，果肉随之坏死，病部干缩、硬化、下陷，病果变小，部分病果病斑处开裂，易早脱落，品质差，商品价值消失（图28）；叶梢受害表现为新梢

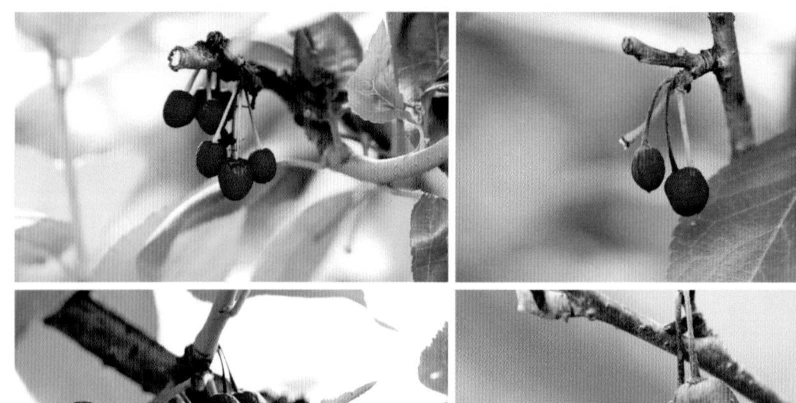

图28　樱桃缩果病病果

顶端嫩叶淡黄色，并逐渐畸形扭曲，叶柄、叶脉红色，叶缘逐渐枯死，同时新梢节间缩短，节上簇生多个小而厚、质脆的叶片。

发生特点

病害类型	生理性病害
发病原因	沙壤土、碱性土壤、钙元素过多或过度干旱的土壤易发生，土壤贫瘠的山地、沙砾地或沙滩果园发生重。该病与土壤中硼含量密切相关，沙壤土中硼元素易随雨水流失，含量少；碱性土壤中硼呈不溶状态，植株不能吸收；钙元素较多、土壤过度干旱，硼都不易被植株吸收，导致缩果病的发生

防治措施

（1）**加强栽培管理** 改良土壤，增施有机肥，做好果园水土保持；在秋季或春季开花前，在施基肥时加入硼砂或硼酸，用量根据树体大小而决定，一般根据距地面37厘米处树干直径而确定硼砂用量，当树干直径8 ~ 17厘米时用量为50 ~ 150克，当树干直径为23 ~ 26厘米时用量为200 ~ 350克，当直径在33厘米以上时用350 ~ 500克，如用硼酸，则用量减少1/3。施后立即灌水，防止药害。

（2）**叶面喷肥** 分别于花前、花期及花后在树上均匀喷洒0.3% ~ 0.5%硼砂液。

樱桃黄叶病

樱桃黄叶病又称缺铁症，是樱桃产区常发病害之一。在盐碱土或钙质土的果区更为常见。主要因为土壤中的铁元素转变成难以溶解的氢氧化铁不容易被植株吸收，或者植株体内的铁元素难以转移而引起的生理性病害。

田间症状 主要表现在新梢的幼嫩叶片上（图29），开始叶片中叶肉组织部分变黄，而叶脉两侧保持绿色，致使叶面呈网纹状失绿，新梢旺盛生长期症状表现更为明显。随着病势的发展，叶片失绿程度加重，趋于黄白色，叶缘枯焦，严重缺铁时，新梢顶端后期枯死，导致树势早衰，抗逆性降低，易受其他病虫害侵入。

图29　樱桃黄叶病病叶

发生特点

病害类型	生理性病害
发病原因	土壤盐碱化程度是发病关键因素，一般果园土壤不缺铁元素，在盐碱化较重的土壤中，可溶性的二价铁转化为不可溶的三价铁，不能被樱桃植株吸收，且生长在碱性土壤中的果树体内生理状态失衡，阻碍铁元素的输送，使树体表现出缺铁症状。常见的使土壤盐碱化的因素有干旱时地下水蒸发盐分向土壤表层集中；地下水位高的洼地，盐分随地下水积于地表；土质黏重、排水不良、不利于盐分随灌溉水向下层淋洗等，都易于黄叶病的发生

防治措施

（1）改良土壤　改良土壤释放被固定的铁元素是防治黄叶病的根本性措施。增施有机肥、种植绿肥等增加土壤有机质含量，可改变土壤的理化性质，释放被固定的铁元素。同时做好果园排水、掺沙改黏等工作，增加土壤透水性。

（2）适量补充铁元素　采用叶面喷洒法，发病重的果园，萌芽前喷施0.3%～0.5%硫酸亚铁溶液，或在生长季节喷0.1%～0.2%柠檬酸铁溶液，间隔20天喷1次。在果树萌芽前，将硫酸亚铁与腐熟的有机肥混合，挖沟施入根系分布的范围内，也可结合施基肥进行，硫酸亚铁与有机肥料的混合比例为1 ： 5。

樱桃小叶病

樱桃小叶病又称缺锌症，是樱桃果园一种常见的生理性病害。

田间症状 主要表现在樱桃植株新梢和叶片，发病初始叶色浓淡不均，叶片黄绿或叶脉间色淡，植株萌芽晚，萌发的新梢节间短，顶梢小叶簇生或光秃，叶形狭小，叶缘略向上卷，质硬而脆，叶脉绿色，叶片或脉间黄绿色，病枝不易形成花芽，易枯死，下部另发新枝（图30）。花较小而色淡，不易坐果，所结果实小而畸形。初发病幼树，根系发育不良，久病树根系有腐烂现象，树冠稀疏不能扩展，产量低。

图30　樱桃小叶病为害状

发生特点

病害类型	生理性病害
发病原因	樱桃小叶病发生的程度与多种因素有关，沙地果园的土壤贫瘠、含锌量低，同时透水性好，可溶性锌盐易流失，所以发病重，灌水多也易引起锌流失；氮肥施用过多，果树所需锌也相应增加；盐碱地pH高，锌易固定不易被根系吸收，发病重；土壤黏重、土层浅、根系发育不良的果树也发病重；此外，经常间作蔬菜、浇水频繁、修剪过重、伤根过多均易导致发病重

防治措施 增加锌盐供应或释放被固定的锌元素是防治该病的有效措施。

（1）**增施有机肥**　在生产上应增施有机肥，特别是沙地、盐碱地、贫瘠的山地果园，要注意氮、磷、钾肥的配比施用。

（2）**喷施锌肥**　在发病重的果园，萌芽前半个月，喷洒3% ～ 5%硫酸锌溶液，硫酸锌肥效可维持1年左右，发病严重果园需年年喷洒，发病轻果园则可隔年喷洒，也可在盛花期后20天左右喷0.2%硫酸锌+ 0.3% ～ 0.5%尿素或0.03%环烷酸锌+ 0.3%尿素。

（3）**根系周围施锌肥**　萌芽前在树下挖放射状沟，每亩施95%硫酸锌3 ～ 5千克。

PART 2

虫 害

斑翅果蝇

该虫于1916年被首次报道，分布极为广泛，我国贵州、浙江、广西、台湾等地区均有发生记载，日本、俄罗斯、朝鲜、韩国、印度、泰国、缅甸、美国以及欧洲地区均有报道发生。据研究报道，樱桃是该虫的首选寄主，在樱桃采收结束后，斑翅果蝇会选择其他合适的寄主继续为害，如蓝莓、黑莓、红树莓、草莓、李、桃、葡萄、无花果、猕猴桃、梨等。

分类地位 斑翅果蝇（*Drosophila suzukii* Matsumura），又称铃木氏果蝇，属双翅目果蝇科果蝇属。

为害特点 主要以幼虫在果实内部取食果浆为害。雌虫产卵于果肉中，卵在果实内孵化成幼虫，幼虫在果实内部取食果浆（图31），被害果取食点周围迅速腐烂，并引发真菌、细菌或其他病害的二次侵染，加速果实的腐烂。

图31　幼虫危害状

该虫不但可以为害成熟期果实及腐烂果实，而且还可以为害未成熟的果实，原因是斑翅果蝇雌虫腹末具1个高度硬化的锯齿状产卵器，可以轻易穿破果实表皮，将卵产于果皮下，其为害程度比其他果蝇更严重。

形态特征

成虫：雄虫体长2.6 ~ 2.8毫米，翅展6 ~ 8毫米，雌虫体长3.2 ~ 3.4毫米，复眼红色，体色近黄褐色或红棕色，前胸背板淡棕色。腹节背面有不间断黑色条带，腹末具黑色环纹。触角短粗，芒羽状，着生分支毛。雄虫翅透明，翅翼边缘第一翅脉末端有1块清晰的黑斑，少数雄虫无黑斑，雄虫前足第一、第二跗节均具跗栉，与足同向。雌虫产卵器黑色，硬化有光泽，突起坚硬，完全暴露时呈齿状或锯齿状（图32）。

卵：白色，长椭圆形，头部有两条细长的丝带。

幼虫：白色或乳白色，圆柱状，体长不超过4毫米（图31）。

蛹：长2 ~ 3毫米，圆筒形，深红棕色，末端具2个刺尖。

12

果蝇.

A

B

C

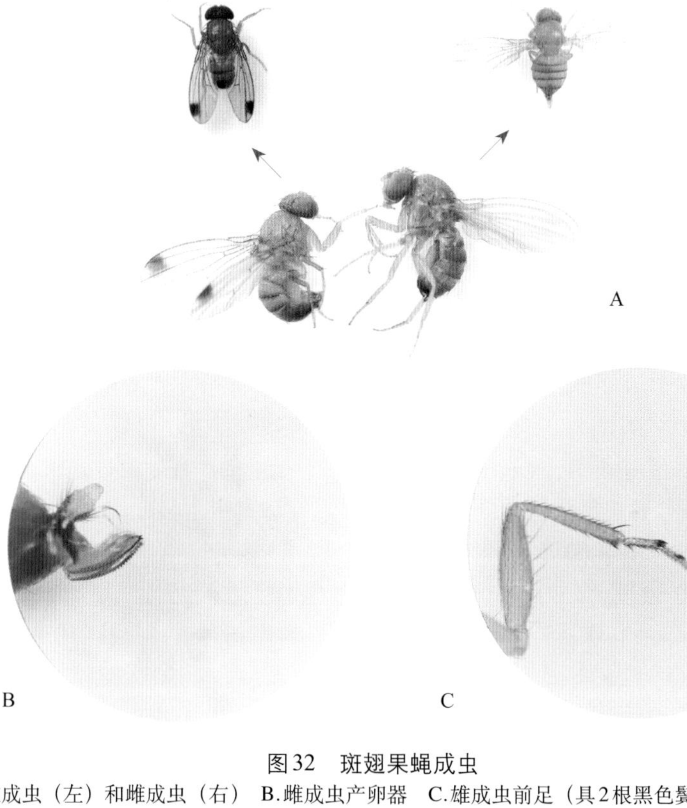

图32 斑翅果蝇成虫

A.雄成虫（左）和雌成虫（右） B.雌成虫产卵器 C.雄成虫前足（具2根黑色鬃毛状性梳）

发生特点

发生代数	该虫一年可繁殖3～10代，最多13代
越冬方式	主要以成虫越冬，幼虫和蛹也能越冬。越冬场所很普遍，包括果园、仓库，甚至厨房等
发生规律	冬季和早春，斑翅果蝇在樱桃园里基本不发生。翌年春季气温达10℃时成虫开始活动，笔者在贵阳市乌当区下坝镇樱桃园调查发现，3月下旬开始诱集到斑翅果蝇成虫，4月中下旬樱桃进入采收初期时，开始发现有蛀果现象。另根据董继广（2019）在陕西杨凌大樱桃上的研究发现，早春斑翅果蝇发生数量较少，随着温度升高，进入5月，斑翅果蝇数量逐渐增多，6月20—28日斑翅果蝇发生量最高，进入7～8月，果蝇发生量有所减少，9月8—16日斑翅果蝇到达第2个发生小高峰，之后斑翅果蝇数量逐渐减少，12月4日后斑翅果蝇停止发生。每头雌虫可产卵200～600粒，产卵器为坚硬的锯齿状，可直接将卵产于近成熟的或成熟的果实内，果实受害初期无明显特征，易随水果运输进行传播
生活习性	该虫生命周期和气候条件密切相关，从卵发育到成虫需要8～14天（平均10天，25℃），卵期1～3天，蛹期4～16天，成虫羽化后2～3天开始交配。越冬代成虫寿命长，可达几个月。该虫喜凉爽湿润的气候，成虫在20℃下最活跃，当低于0℃时，可以造成卵、幼虫和成虫死亡，对干燥环境很敏感，在缺水环境下该虫24小时内死亡

防治适期 果实成熟前。

防治措施

（1）**农业防治** 加强果园管护，早春开展果园除草工作，同时选用高效低毒药剂处理地面，压低铃木氏果蝇虫源基数；在3月中旬至4月上旬要将园内生理落果清理出园外，进行无害化处理；樱桃成熟后，应及时采收，减少铃木氏果蝇的取食为害；园内应及时排除积水，施用有机肥要覆盖厚土，减少果蝇的生存之地。

（2）**物理防治** 一是利用铃木氏果蝇的趋光性，可以使用诱虫灯诱杀；二是采用糖醋液诱杀法，将红糖、白酒、食用醋、水按50克：150毫升：50毫升：300毫升的比例配制糖醋液，同时也可用成熟的香蕉进行诱杀；三是使用Sexton®果蝇饵剂诱杀斑翅果蝇。

（3）**生物防治** 可在樱桃转色期用100亿/毫升短稳杆菌悬浮剂600～800倍液、0.3%苦参碱水剂200～300倍液喷洒树冠或用1.8%阿维菌素喷洒落地果，并及时清理；保护捕食性天敌，如蜘蛛类和蚂蚁，果蝇幼虫出果后和跌落地面化蛹前，常被蚂蚁取食；也可引进寄生性天敌。

（4）**化学防治** 初春选用40%辛硫磷乳油1 500倍液或90%敌百虫晶

体1 000倍液，对园内地面和周边杂草喷雾，压低果蝇基数；在樱桃果实膨大至着色前，选用1.82%胺·氯菊酯混剂按1 ∶ 1兑水，用喷雾器顺风对地面喷雾，熏杀成虫。

黑腹果蝇

在我国贵州贵阳、辽宁大连、山东烟台、河南郑州及甘肃天水、四川阿坝地区的樱桃产区均有报道果腹果蝇发生为害。

分类地位 黑腹果蝇（*Drosophila melanogaster* Meigen）又名黑尾果蝇，属双翅目果蝇科。

为害特点 黑腹果蝇成虫为舐吸式口器，主要以水果汁液为食，对发酵果汁和糖醋液等有较强的趋向性，并产卵于樱桃果实上，以孵化后的幼虫蛀食为害成熟果实，初始无明显为害特征，仅在被幼虫蛀害处果面稍呈湿腐状凹陷，较正常成熟果颜色略深，并且暗淡无光泽，成熟鲜果在用盐水浸泡后，幼虫便从果实中游离出来，漂浮于水中，令人感到不适，虽然对人体并无妨害，但给消费者造成心理阴影，果实为害后期，受害果实汁液外溢和落果，且易腐烂，使产量下降，品质降低，影响鲜销和贮存（图33）。

图33 黑腹果蝇幼虫为害状

形态特征

成虫：成虫体型较小，体长3 ～ 4毫米，淡黄色，尾部呈黑色，头部具有许多刚毛。触角3节，呈椭圆形或圆形，芒羽状，有时呈梳齿状，复眼鲜红色，翅很短，前缘脉的边缘常有缺刻。雄虫前翅前缘顶角处无黑斑，前足第一跗节具一黑色性梳。雌虫腹部背面有明显的5条不间断黑色条纹，产卵器非黑色锯齿状（图34-A和图34-B）。

卵：梭形，长约0.5毫米，白色，前端背面有2根触丝。

幼虫：白色，无足型，无头。体躯尾端粗，前端稍细略呈楔形，肉眼可见体前端具黑色口钩，在口钩基部左右各有一唾腺。整个体躯稍呈半透明状，透过体壁可见消化道内有断线状黑褐色食物消化残留物（图34-C至图34-E）。

图34　黑腹果蝇

A.雄成虫　B.雌成虫　C.前足性梳　D.产卵器　E、F.幼虫

蛹：梭形，初呈淡黄，后变深褐色，前部端有2个呼吸孔，后部有尾芽。初时淡黄，后颜色加深，近羽化时深褐色。

发生特点

发生代数	不同种植区域发生代数略有不同，总体在9～13代之间，世代重叠严重
越冬方式	以蛹在果园、农田、山地及杂草灌木中遗留的腐烂瓜果残体和其他腐烂植物材料、堆肥及枯枝落叶中或其下表土内越冬
发生规律	我国北方地区6月上中旬、西南地区4月中下旬樱桃开始大量成熟，此时为黑腹果蝇产卵盛期和为害盛期，幼虫孵化后在果实内蛀食5～6天，老龄后脱果落地化蛹。蛹羽化后继续产卵发生下一代。樱桃采收后，黑腹果蝇便转向相继成熟的杨梅、桃、李、葡萄等成熟果实或烂果实上为害，随气温下降，果蝇成虫数量逐渐减少，进入10月下旬后，成虫基本在田间消失，以蛹在越冬场所越冬
生活习性	成虫活动与气温密切相关，据报道，成虫活动温度范围为8～33℃，当气温低于8℃时，果蝇成虫不在田间活动，当气温高于33℃陆续死亡，以25℃左右为最适宜，当气温稳定在20℃左右成虫量急剧增大，并开始在果实上产卵

防治适期 果实成熟前。

防治措施 黑腹果蝇的综合治理应以农业防治为基础，综合利用物理防治和生物防治手段。

（1）**农业防治** 摘除受害果实，清理落地残果，清除园内杂草，破坏果蝇栖息的生态环境。

（2）**物理防治** 利用果蝇成虫的趋化性，在樱桃果园内放置糖醋诱剂或香蕉诱剂，诱杀果蝇，可选用的配方为红糖：醋：酒：晶体敌百虫水溶液=5 ： 5 ： 5 ： 85。

（3）**化学防治** 可在樱桃成熟期用50%辛硫磷乳油1 000倍液对地面喷雾处理。

（4）**生物防治** 可在樱桃转色期用100亿/毫升短稳杆菌悬浮剂600 ～ 800倍液、0.3%苦参碱水剂200 ～ 300倍液喷洒树冠或用1.8%阿维菌素喷洒落地果，并及时清理；保护捕食性天敌，如蜘蛛类和蚂蚁，果蝇幼虫出果后和跌落地面化蛹前，常被蚂蚁取食；也可引进寄生性天敌。

易混淆害虫

黑腹果蝇、斑翅果蝇成虫区别特征

（引自任路明等，2014）

识别要点	黑腹果蝇	斑翅果蝇
体　型	较小	较黑腹果蝇略大
雄虫前翅	前缘顶角处无黑斑	前缘顶角处有1块黑色斑
雄虫前足	第一跗节基部有1根黑色鬃毛状性梳	第一、二跗节基部各有1根黑色鬃毛状性梳
雌虫腹部	5条明显连续的黑色条纹	基部为4条连续黑色条纹，腹末具1条黑色环纹
产卵器	产卵器较小，非黑色锯齿状	产卵器大且黑色，硬化镰刀锯齿状

樱桃瘿瘤头蚜

樱桃瘿瘤头蚜

该虫在国内樱桃主产区普遍发生，山东、贵州、北京、河北、河南、浙江、辽宁等樱桃产区均有报道发生。

分类地位 樱桃瘿瘤头蚜（*Tuberocephalus higansakurae* Monzen）又名樱桃瘿瘤蚜、樱桃瘤头蚜，属同翅目蚜科。

为害特点 主要以若虫、成虫为害樱桃叶片。叶片受害后向正面肿胀突起，形成伪虫瘿（图35），伪虫瘿形如花生壳状，长2.0 ～ 4.0厘米，宽0.5 ～ 1.0厘米，其上具1 ～ 3个分节，反面有原生开口，蚜虫即在其中为害。为害初期虫瘿呈小包状，略呈红色，为害加重后虫瘿亦逐渐增大，后期虫瘦呈黄白色至黄褐色。严重时可导致叶片提早脱落，这不仅削弱树势，影响果实膨大及产量，而且还可影响花芽的分化，对翌年的产量也有一定的影响。

图35 樱桃瘿瘤头蚜伪虫瘿

形态特征

成虫：无翅孤雌蚜头部呈黑色，胸、腹背面为深色，各节间色淡，节间处有时呈淡色，体表粗糙，有颗粒状构成的网纹，额瘤明显，内缘圆外倾，中额瘤隆起，腹管呈圆筒形，尾片短圆锥形，有曲毛3 ～ 5根。有翅孤雌蚜头、胸呈黑色，腹部呈淡色，腹管后斑大，前斑小或不明显。

卵：长椭圆形，深紫色至黑色。

若虫：体小，与无翅胎生雌蚜相似（图36）。

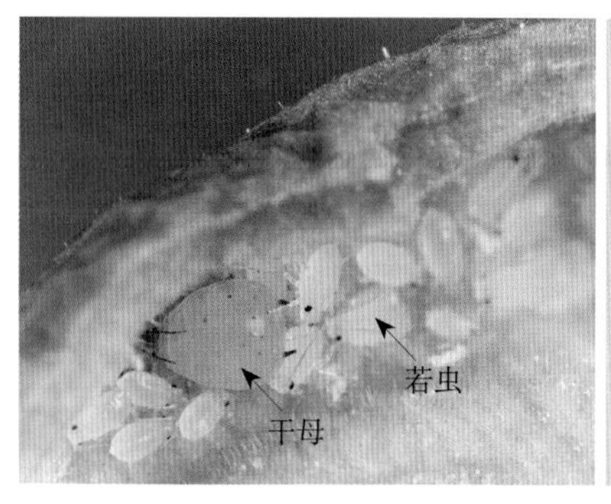

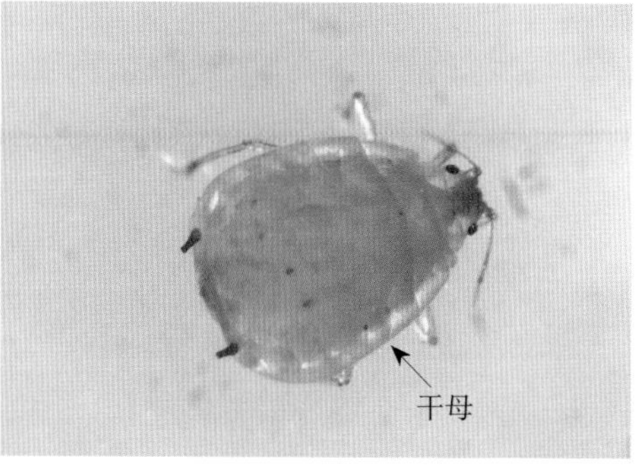

图36 樱桃瘿瘤头蚜干母和若虫

发生特点

发生代数	1年发生10 ~ 14余代
越冬方式	以受精卵在幼嫩枝的芽腋处越冬
发生规律	3月中下旬，樱桃盛花期越冬受精卵开始孵化成干母（图36）；至4月中下旬，干母发育成熟时，虫瘿基本形成，但此时虫瘿较小，多无分节现象且多数虫瘿中仅有1头干母；干母在虫瘿中能继续取食并繁殖下一代若蚜；4月下旬至5月上旬，田间蚜量逐渐增加，虫瘿继续扩大并出现分节，颜色亦逐渐转为黄白至黄褐色，蚜虫种群中分化出翅蚜，有翅成蚜羽化后即从虫瘿反面的开口爬出，迁飞扩散至其他叶片上继续繁殖为害，迁飞扩散盛期为5月上旬；此后，田间蚜量急剧增加，5月底6月初蚜量达到全年最高峰；6月上旬后种群中分化出大量有翅蚜扩散；9月下旬陆续产生性蚜；10月中下旬即产卵越冬
生活习性	干母的发育历期一般为24 ~ 36天，孤雌繁殖子代若蚜28 ~ 49头。5月间若蚜发育历期为11 ~ 19天，产仔数为41 ~ 62头，6月中旬后田间的若蚜几乎全部发育为翅蚜

防治适期 樱桃萌芽后至开花前、花谢后至虫瘿形成前及时喷药防治。

防治措施

（1）**农业防治** 冬季清园时剪除受害枝梢，集中烧毁，消灭越冬卵。

（2）**物理防治** 挂置黄色板诱杀有翅蚜，减少虫口基数。

（3）**生物防治** 一是保护利用瓢虫、食蚜蝇、寄生蜂等天敌，抑制蚜虫发生为害；二是选用1.5%苦参碱可溶液剂300倍液喷施。

（4）**化学防治** 在卵孵化盛期，可以喷施70%吡虫啉水分散粒剂3 000倍液、10%醚菊酯悬浮剂1 000 ~ 1 500倍液。

桃蚜

桃蚜是广食性害虫，寄主植物约有74科285种，桃蚜营转主寄生生活，其中冬寄主（原生寄主）植物主要有梨、桃、李、梅、樱桃等蔷薇科果树等；夏寄主（次生寄主）作物主要有白菜、甘蓝、萝卜、芥菜、甜椒、辣椒、菠菜等多种作物。

分类地位 桃蚜（*Myzus persicae* Sulzer）又名桃赤蚜、桃小蚜、烟蚜、蜜虫、油虫，属半翅目蚜科。

为害特点 该虫为害主要有3个方面：一是以成虫、若虫群集芽、叶、嫩茎上刺吸汁液，叶片受害后，向背面呈不规则的卷曲皱缩（图37）；二是可分泌蜜露，引起煤污病；三是可以传播多种植物病毒，对果树生产为害极大。

图37 叶片背面聚集为害

形态特征

成虫：有翅胎生雌蚜体长约1.9毫米，头、胸部黑色，腹部为绿、黄绿、赤褐等色，因寄主种类不同而异。额瘤向内倾斜，复眼暗红色，喙基部淡黄色，触角丝状6节，第3节基部略呈淡黄色，其余为黑色；体表粗糙有粒状结构，背中区域光滑，体侧表皮粗糙，背面有横皱纹。腹管长筒

形，中央至端部略膨大，端部黑色，尾片黑暗色，圆锥形，近端部1/3收缩，有曲毛6～7根。无翅胎生雌蚜体长1.4～2.0毫米，头、胸黑色，腹部为淡绿、黄绿、赤褐等色，复眼浓赤色，触角丝状黑色，有6节，足黑色仅腿节略带黄色，额瘤、腹部斑纹、腹管、尾片等与有翅胎生雌蚜相同（图38）。

若虫：与无翅胎生雌蚜相似，体较小，淡红色或黄绿色。

卵：长椭圆形，长约0.7毫米，初为橙黄色，后变黑有光泽。

图38　成虫

发生特点

发生代数	1年可发生20～30代
越冬方式	以卵于寄主果树的枝条芽腋、裂缝、树杈等处越冬
发生规律	桃蚜一般营全周期生活。翌年樱桃萌芽时，卵孵化为干母，3月下旬至4月中旬孵化，群集芽上为害，新梢嫩叶展开后群集于叶背刺吸为害，大量繁殖，5月为害最重，并开始产生有翅蚜，此后有翅蚜陆续迁飞夏寄主上为害、繁殖
生活习性	桃蚜具有明显的趋嫩性，有翅孤雌蚜对黄色呈正趋性，对银灰色和白色呈负趋性。桃蚜繁殖力较强，属孤雌生殖，一般1头胎生雌蚜产蚜量为15～20头，多时可达150头以上，在夏季温湿度适宜的条件下，若蚜需2～4天成熟，继续繁殖。传播方式为迁飞和扩散。桃蚜有较强的抗寒能力

防治适期　樱桃萌芽后至开花前和樱桃花谢后。

防治措施

（1）**农业防治**　冬季清园时剪除受害枝梢，集中烧毁，同时喷施药剂清园，消灭越冬卵，清园常用的药剂有3～5波美度石硫合剂、45%石硫合剂晶体40～60倍液或99%矿物油乳油200倍液等。

（2）**物理防治**　利用有翅蚜虫的趋黄性，悬挂黄板诱杀有翅蚜，减少虫口基数。

（3）**生物防治**　保护利用瓢虫、食蚜蝇、寄生蜂等天敌，抑制蚜虫发生为害；可选用1.5%苦参碱可溶液剂300倍液进行喷施。

（4）**化学防治**　在卵孵化盛期，可以喷施药剂进行防治，效果较好的药剂有22%氟啶虫胺腈悬浮剂4 000 ～ 5 000倍液、70%吡虫啉水分散粒剂5 000 ～ 8 000倍液、20%啶虫脒可溶性粉剂6 000 ～ 7 000倍液、25%吡蚜酮可湿性粉剂2 000 ～ 3 000倍液、50克/升高效氯氟氰菊酯乳油3 000 ～ 4 000倍液、20%S-氰戊菊酯乳油1 500 ～ 2 000倍液、10%醚菊酯悬浮剂1 000 ～ 1 500倍液等，虫量较大时，可将内吸性较好的药剂与菊酯类药剂混配使用，果园内瓢虫等天敌较多时，避免使用菊酯类等广谱性杀虫剂。

桃粉蚜

桃粉蚜在国内各果区都有发生，寄主除樱桃外，还有桃、李、杏等果树。

分类地位 桃粉蚜（*Hyalopterus arundimis* Fabricius.）又名桃大尾蚜、桃粉绿蚜，属半翅目蚜科。

为害特点 主要以成蚜或若蚜群集于叶片背面刺吸为害（图39），还可为害嫩梢、幼果。

当虫量较少时，主要分布在叶片背面叶脉主脉两侧，当大量繁殖时，可布满整个叶片背面，呈现白乎乎的一片。叶片变老时，粉蚜转移较少，仍可见大量聚集。受害叶片向背面卷曲，同时分泌白色蜡粉并排泄蜜露，污染叶片和果实表面，易诱发煤烟病发生，严重影响叶片光合效能及果品质量。

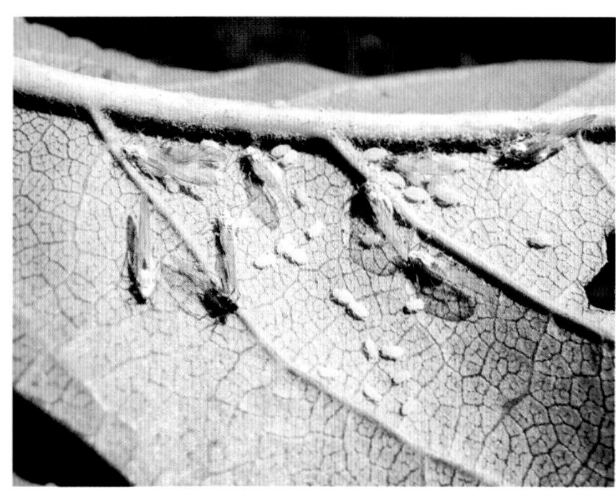

图39　桃粉蚜成虫和若虫群集叶片背面为害

形态特征

成虫：无翅胎生雌蚜体长椭圆形，长2.3毫米，宽1.1毫米，淡绿色，被白粉，腹管细圆筒形，尾片长圆锥形，上有长曲毛5～6根。有翅胎生雌蚜体卵形，长2.2毫米，宽0.89毫米，头、胸部黑色，腹部橙绿色至黄褐色，被覆白粉，腹管短筒形，触角黑色，第3节上有圆形次生感觉圈数十个。

卵：椭圆形，初产时黄绿色，后变为黑绿色，有光泽。

若虫：与无翅胎生雌蚜相似，体小，淡绿色，体上有少量白粉。

发生特点

发生代数	1年发生20余代
越冬方式	以受精卵在枝条的芽腋和树皮裂缝处越冬
发生规律	翌年3月开始孵化，以无翅胎生雌蚜不断进行繁殖，5月中旬至6月繁殖为害最盛。7月开始产生有翅胎生雌蚜，迁飞至禾本科植物等夏季寄主上繁殖为害，果树上数量很少，10月以后又产生有翅蚜回迁至越冬寄主上继续为害一段时间，产生两性蚜，交尾产卵越冬
生活习性	桃粉蚜趋嫩性强，集中为害嫩叶和嫩梢，喜遮荫的环境，多在叶片背面为害。夏季晴天上午气温升高时，常向下爬行至树干基部近地面处或杂草上，傍晚气温降低后又爬回树上，清晨、傍晚或遇风雨时不活动。秋季从夏寄主迁飞回桃树的有翅蚜，多集中在老叶叶背取食。雌蚜产卵于桃树芽腋或树皮裂缝处 该虫的发生与温度、食料及天敌等有密切的关系，其适温范围为15～28℃，繁殖的最适宜温度范围22～26℃，在此范围内，该虫生长繁殖最快，完成1代只需5～6天，最短4天，最长8天；食料和营养状况则直接影响其发生量，春季桃树所抽嫩梢、嫩叶越多，繁殖越快，春季完成1代只需10～13天，而秋季老叶上完成1代则需25天以上。春季桃树抽梢快，嫩叶多，以无翅孤雌蚜繁殖为害，夏季桃树嫩叶少，营养老化，有翅蚜大量出现

防治适期 3月下旬至4月初。

防治措施 参照桃蚜。由于桃粉蚜虫体被有蜡粉，喷药时若药液中加入0.1%的中性洗衣粉或其他农药助剂，可显著提高防治效果。

八点广翅蜡蝉

八点广翅蜡蝉寄主范围与分布呈逐年扩大趋势，据报道，寄主除樱桃外，还有猕猴桃、葡萄、柑橘、苹果、梨、桃、李、臭椿、香椿等。

八点广翅蜡蝉

分类地位 八点广翅蜡蝉（*Ricania speculum* Walker），属半翅目广翅蜡蝉科。

为害特点 主要以成虫或若虫群集于嫩枝和芽、叶上刺吸汁液为害。产卵于当年生枝条内，影响枝条生长，削弱树势，重者产卵部以上枯死。其排泄物还诱发煤污病，影响叶片的光合作用。

形态特征

成虫：体长11.5 ~ 13.5毫米，翅展23.5 ~ 26毫米，黑褐色，疏被白蜡粉。触角刚毛状，短小，单眼2个，红色。翅革质密布纵横脉，呈网状，前翅宽大，略呈三角形，翅面被稀薄白色蜡粉，翅上有6 ~ 7个白色透明斑，后翅半透明，翅脉黑色，中室端有一小白色透明斑，外缘前半部有1列半圆形小的白色透明斑，分布于脉间。腹部和足褐色（图40）。

图40　八点广翅蜡蝉成虫

卵：乳白色，纺锤形，长0.8 ~ 1.0毫米。

若虫：老熟若虫体长4 ~ 5毫米，体型似斑衣蜡蝉的若虫。腹末有蜡丝10条，其中两条向上向前弯曲并张开，蜡丝长12 ~ 15毫米，另外8条蜡丝长8 ~ 12毫米，虫体两侧各3条斜向上举起，其余2条与虫体平行向后伸展。一至四龄若虫为白色，五龄若虫中胸背板及腹背面为灰黑色，头、胸、腹、足均为白色，复眼灰色，中胸背板有3个白斑，其中2个近圆形，斑点中有1个小黑点，另一个近似三角形，呈倒“品”字形排列。

发生特点

发生代数	1年发生1 ~ 2代
越冬方式	以性未成熟的成虫在茂密的枝叶丛中或杂草土缝中越冬
发生规律	翌年4月天气回暖时，越冬成虫开始活动，第一代卵盛期在4月下旬至5月上旬，若虫盛发期5月至6月上旬，成虫羽化盛期在7月至8月上旬，第二代卵期在7月中旬至8月中旬，若虫盛发期在8 ~ 9月，成虫发生期在9 ~ 10月，最迟至11月中旬
生活习性	若虫有5个龄期，每虫龄11 ~ 15天，孵化多于晚21时至翌日2时，三龄后稍分散到嫩枝及叶片上为害，还可跳跃到周围其他寄主上，若虫性活泼，稍受惊即横行斜走，做孔雀开屏状动作，惊动过大时则跳跃，晴朗温暖天气活跃，早晨或阴雨天活动少，成虫羽化多在晚21时至翌日2时，刚羽化的成虫全身白色，眼灰色，12小时后逐渐转为黑褐色，约15小时即能飞翔，成虫飞翔能力较强，善跳跃

防治适期 低龄若虫期。

防治措施

（1）**农业防治** 结合管理，注意适当修剪，防止枝叶过密荫蔽，以利通风透光。剪除有卵块的枝条集中处理，减少虫源。为害期结合防治其他害虫兼治此虫。

（2）**生物防治** 可选用400亿孢子/克球孢白僵菌可湿性粉剂，每亩用量为20 ~ 30克。

（3）**药剂防治** 在低龄若虫期，可选用70%吡虫啉水分散粒剂3 000倍液、10%醚菊酯悬浮剂600 ~ 1 000倍液、2.5%溴氰菊酯乳油1 000 ~ 1 500倍液进行防治。

小绿叶蝉

小绿叶蝉寄主多而杂，除为害樱桃外，还为害棉花、茄子、菜豆、马铃薯、甜菜、水稻、桃、杏、李、梅、葡萄等多种植物，我国长江和黄河流域地区果树上均有发生。

分类地位 小绿叶蝉（*Empoasca flavescens* Fabricins.）又名桃一点叶蝉、桃小绿叶蝉、一点叶蝉等，俗名浮尘子，属半翅目叶蝉科。

为害特点 以成虫、若虫栖息在嫩叶背面刺吸叶片汁液为害，被害叶片出现失绿白色斑点（图41），削弱树势，成虫产卵在枝条树皮内，损伤枝干，水分蒸发量增加，被害植株生长受阻。若虫怕阳光直射，常栖息在叶背面为害，严重影响樱桃生产，造成减产。

图41 叶片被害状

形态特征

成虫：体长约3毫米，淡绿色，头部向前突出，头冠中长短于二复眼间宽度，近前缘中央处有2个黑色小点，基域中央有灰白色线纹，复眼灰褐色，颜面色泽较黄，前胸背板前缘弧圆，后缘微凹，前域灰白色斑点，小盾片基域具灰白色线状斑，前翅微带黄绿色，透明，后翅也透明，腹部背面黄绿色，腹部末端淡青绿色（图42）。

卵：长约0.6毫米，椭圆形，乳白色。

若虫：体类似于成虫，长2.5 ～ 3.5毫米（图43）。

图42 小绿叶蝉成虫

图43 小绿叶蝉的若虫及蜕皮状

发生特点

发生代数	1年发生多代，世代重叠严重
越冬方式	以成虫在植株的叶背隐蔽处或植株间越冬
发生规律	翌年3月下旬越冬成虫开始活动，取食嫩叶为害，为害高峰期在6月初至8月下旬
生活习性	成虫善跳跃，受惊后立即跳跃逃脱或飞开。卵多产于叶背主脉两侧基部，若虫孵出后多群集于叶背，受惊时会横行爬动，喜白天活动，气温相对低时活动性差

防治适期 若虫孵化盛期。

防治措施

（1）**农业防治** 加强果园管理，成虫出蛰前，彻底清除落叶，铲除杂草，集中烧毁，消灭越冬成虫。

（2）**物理防治** 挂置蓝色或黄色粘虫板诱杀。

（3）**生物防治** 可选用400亿孢子/升球孢白僵菌可湿性粉剂，用量为每亩20 ～ 30克。

（4）**化学防治** 越冬成虫开始活动时以及各代若虫孵化盛期可选用70%吡虫啉水分散粒剂3 000倍液、10%醚菊酯悬浮剂600 ～ 1 000倍液、2.5%溴氰菊酯乳油1 000 ～ 1 500倍液。

桑白盾蚧

该虫在我国的地域分布很广，从海南、台湾至辽宁，华南、华东、华中、西南多地均有发生。除樱桃外，还可为害桃、李、梅、杏、桑、茶、柿、枇杷、无花果、杨、柳、丁香、苦楝等多种果树林木，寄主植物多达55科120属。

分类地位 桑白盾蚧[*Pseudaulacaspis pentagona* (Targioni-Tozzetti)] 又名桑盾蚧、桑白蚧、桃介壳虫，属于昆虫纲半翅目蚧总科盾蚧科。

为害特点 以若虫和雌成虫群集树干、树枝固定取食果树的汁液（图44），6 ~ 7天后开始分泌物质形成介壳，介壳形成后，防治比较困难。严重发生时，介壳布满枝干，造成树势减弱，甚至枝条和植株死亡。由于防治较困难，如果防治不力，几年内可毁坏樱桃园。

图44　桑白盾蚧为害状

形态特征

成虫：雌虫盖在黄褐色的介壳下，介壳近圆形，略隆起，直径2.0 ~ 2.5毫米，拨开介壳，虫体颜色为淡黄色至橘色，口器比较大，臀板颜色较深，背面体节明显，分为头胸、中胸、后胸、腹部，其中腹部有8节，5 ~ 8腹节愈合为臀板（图45-A）。雄虫介壳雪白色，蜡质或绒蜡质，长行，两侧

平行，介壳细长，白色，1.0 ~ 1.5毫米（图45-B）。

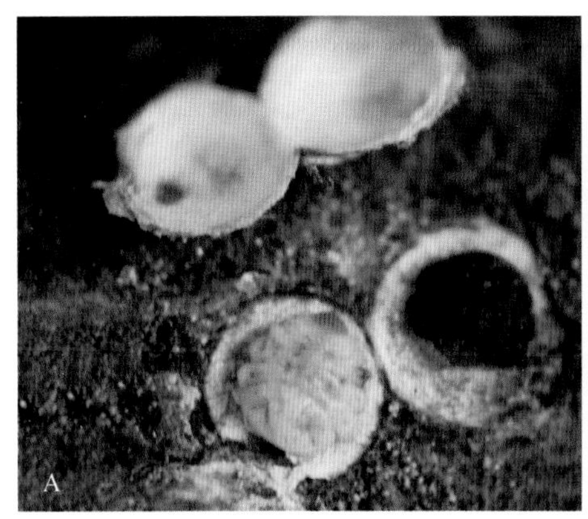
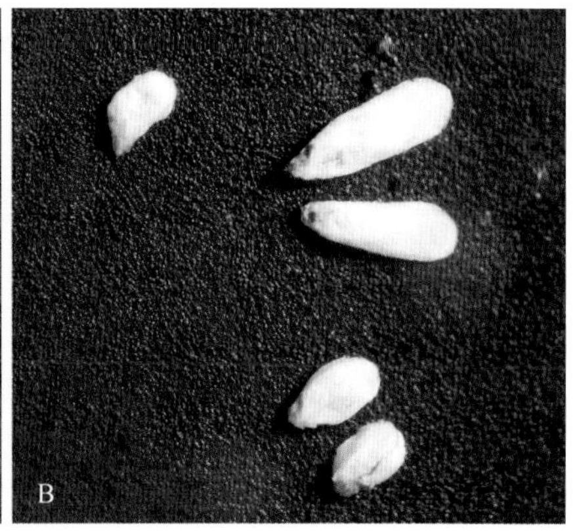

图45 桑白盾蚧
A.雌虫 B.雄虫

卵：椭圆形，淡红色。

若虫：体椭圆形，雌虫橘红色，雄虫淡黄色，一龄时有足3对，二龄后退化。

发生特点

发生代数	1年发生4代
越冬方式	以受精雌成虫在枝干上越冬
发生规律	翌年果树萌动之后开始吸食为害，2月底至3月中旬为越冬成虫产卵盛期，第一、二代若虫孵化较整齐，第三、四代不甚整齐，世代重叠
生活习性	雄成虫寿命为1天左右，羽化后便交尾，交尾后不久即死亡，雌成虫介壳与树体接触紧，在产卵期较为松弛。卵产于介壳下，产完卵后虫体腹部缩短，色变深，不久干缩死亡。一般新受害的植株雌虫数量较大，受害已久的植株雄虫数量逐增，严重时雄介壳密集重叠

防治适期 若虫盛孵期至一龄若虫期。

防治措施

（1）**法规防治** 加强检疫，调进苗木时，发现带有桑白盾蚧，应将苗木烧毁。

（2）**农业防治** 冬季清园时剪除受害重的枝条。

（3）**化学防治** 在幼虫孵化后分散的为害初期，及时施药防治。可喷施24%螺虫乙酯悬浮剂4 000 ~ 5 000倍液、99%SK矿物油100 ~ 200倍液、48%毒死蜱乳油1 000倍液，用药时加上有机硅助剂效果更佳。

草履蚧

该虫的寄主有海棠、樱桃、无花果、紫薇、月季、红枫、柑橘等40多种植物，我国河北、山西、山东、陕西、河南、青海、内蒙古、浙江、江苏、上海、福建、湖北、贵州、云南、重庆、四川、西藏等地有分布。

分类地位 草履蚧（*Drosicha contrahens* Kuwana），属同翅目，硕蚧科。

为害特点 草履蚧属大型介壳虫，若虫和雌成虫常成堆聚集在芽腋、嫩梢、枝干或分杈处吮吸汁液为害，造成植株生长不良，早期落叶，严重时导致树体死亡。

形态特征

成虫：雄虫成虫体长4 ~ 6毫米，体色呈暗红至紫红色，1对翅，腹部末端有2对尾瘤；雌虫成虫体长10 ~ 13毫米，呈扁平椭圆形，背呈灰褐色至淡黄色，微隆起，边缘呈橘黄色，表面密生灰白色的毛，头部触角呈黑色，有粗刚毛，整个体表附有一层白色的薄蜡粉（图46-A）。

图46 草履蚧
A.成虫 B.若虫

卵：长约1毫米，椭圆形，初产时黄白色，后渐变为赤褐色，卵产于白色绵状卵囊内，内有卵数10 ～ 100余粒。

若虫：体小，色深，外形与雌成虫相似，赤褐色，触角棕灰色，第三节色淡（图46-B）。

雄蛹：圆筒形，褐色，长约5毫米，外被白色棉状物，有1对翅芽，达第二腹节。

发生特点

发生代数	1年发生1代
越冬方式	初孵若虫以卵在土表、草堆、树干裂缝和树杈处越冬
发生规律	12月中下旬至翌年1月上旬卵开始孵化，孵化后的若虫仍停留在卵囊内，1月中下旬至2月上中旬开始出土上树，2月上中旬达盛期，3月上旬基本结束。若虫出土后爬上寄主树干，晚上在树皮缝内隐蔽，午后顺树干爬至嫩枝、幼芽等处取食。若虫出土后沿树干爬到嫩枝处集聚固定刺吸为害，雌虫若虫3次蜕皮后变为成虫
生活习性	初龄若虫行动不活泼，喜在树洞或树杈等处隐蔽群居。3月下旬至4月初第一次蜕皮，蜕皮后虫体增大，活动力强，开始分泌蜡质物；4月中下旬第二次蜕皮，若虫不再取食，潜伏于树缝、树基、土缝等处，分泌大量蜡丝缠绕化蛹，4月下旬至5月上旬雌若虫第三次蜕皮后变为雌成虫，并与羽化的雄成虫交尾。雄成虫不取食，多在傍晚活动，飞行或爬至树上寻找雌虫交尾，阴天可整日活动，寿命3天左右，交尾后即死去，雌虫交尾后仍需吸食为害

防治适期 若虫上树期、若虫盛发期、羽化及产卵期。

防治措施

（1）**农业防治** 冬季深翻土壤，消灭土壤中的成虫和卵；或在雌成虫下树产卵前，在树根基部挖环状沟，宽30厘米，深20厘米，填满杂草，引诱雌成虫产卵，待产卵期结束后取出杂草烧毁，消灭虫卵。

（2）**保护天敌** 红环瓢虫对草履蚧具有较好的捕食效果。

（3）**化学防治** 卵开始孵化至初孵若虫上树前，即1月上旬至2月上旬，用机油5份加热后加入1份羊毛脂（质量比），用熔化的混合物在树干高80 ～ 100厘米处涂宽10 ～ 15厘米的封闭环，阻隔若虫上树为害；或在若虫盛发期，喷施24%螺虫乙酯悬浮剂4 000 ～ 5 000倍液、99%SK矿物油100 ～ 200倍液、22%氟啶虫胺腈悬浮剂5 000倍液。

黄刺蛾

黄刺蛾寄主多而复杂，主要有苹果、梨、桃、梅、杏、李、柿、栗、枣、枇杷、石榴、柑橘、樱桃、核桃、山楂、杧果、杨梅、枫杨、榆、杨、梧桐、油桐、乌桕、楝、白蔹、茶、桑等多种植物。我国黑龙江、吉林、辽宁、内蒙古、河北、山东、山西、陕西、四川、云南、广东、广西、贵州、湖南、湖北、江西、安徽、江苏、浙江、台湾等省均有分布。

分类地位 黄刺蛾（*Cnidocampa flavescens* Walker），属鳞翅目刺蛾科。幼虫俗称洋辣子、八角等。

为害特点 主要以幼虫群集在叶背取食为害，低龄幼虫啃食叶片，叶片正观呈半透明筛网状（图47-A）；老熟幼虫能将全叶吃光仅留叶柄、主脉，造成叶片呈箩底状半透明状或造成缺刻和孔洞（图47-B），严重影响树势和果实产量。

图47　黄刺蛾幼虫为害叶片

A. 黄刺蛾同低龄幼虫啃食为害的叶片　B. 黄刺蛾老熟幼虫将叶片食成缺刻

形态特征

成虫：雌成虫体长15 ~ 17毫米，翅展35 ~ 39毫米；雄成虫体长13 ~ 15毫米，翅展30 ~ 32毫米。体橙黄色，前翅黄褐色，自顶角有1条细斜线伸向中室，斜线内方为黄色，外方为褐色，在褐色部分有1条深褐

色细线自顶角伸至后缘中部，中室部分有1个黄褐色圆点。后翅灰黄色（图48）。

卵：扁椭圆形，一端略尖，长1.4 ~ 1.5毫米，宽0.9毫米，淡黄色，卵膜上有龟状刻纹。

幼虫：老熟幼虫体长19 ~ 25毫米，体粗大。头部黄褐色，隐藏于前胸下。胸部黄绿色，体自第二节起，各节背线两侧有1对枝刺，以第三、四、十节的为大，枝刺上长有黑色刺毛。体背有紫褐色大斑纹，前后宽大，末节背面有4个褐色小斑，体两侧各有9个枝刺，中部有2条蓝色纵纹，气门上线淡青色，气门下线淡黄色（图49）。

图48 黄刺蛾成虫

图49 黄刺蛾幼虫
A.低龄幼虫 B.老龄幼虫

蛹：椭圆形，粗而短，两复眼间有1个突起，表面有小刺。体长13 ~ 15毫米，黄褐色，其上疏有黑色毛刺，包被在坚硬的茧内（图50）。

茧：灰白色，石灰质，坚硬，表面光滑，有几条长短不等、或宽或窄的褐色纵纹，外形极似鸟蛋（图51）。

图50　黄刺蛾蛹

图51　黄刺蛾茧

发生代数	不同区域不同，东北、华北地区1年发生1代，山东为1～2代，在河南、四川、江苏等地为2代
越冬方式	以老熟幼虫常在树枝分叉、枝条叶柄甚至叶片上吐丝结硬茧越冬，翌年5月中旬开始化蛹，下旬始见成虫
发生规律	发生2代地区：越冬幼虫在5月上旬化蛹，5月下旬至6月上旬羽化成虫，第一代幼虫发生期在6月下旬至7月中旬，7月下旬始见第一代成虫，第二代幼虫在8月上中旬达到为害盛期，8月中旬开始老熟，结茧越冬；发生1代的地区：越冬幼虫于6月上中旬开始化蛹，第一代幼虫期在7月中旬至8月下旬，8月底开始老熟，结茧越冬
生活习性	成虫昼伏夜出，具趋光性，羽化后交尾产卵，卵多成块产于叶片背面，幼虫共八龄，初孵幼虫具有群居性，多在叶背啃食叶肉，三龄开始分散取食，随着虫龄的上开，食量也相应上升，大发生时能将叶片啃食完，老熟幼虫喜在枝杈和小枝上结茧，一般先啃咬树皮，然后吐丝并排泄草酸钙等物质，形成坚硬蛋壳状茧

防治适期 卵孵化盛期至低龄幼虫期。

防治措施

(1) **农业防治**　及时摘除栖有大量幼虫的枝叶，加以处理；老熟幼虫常沿树干下行至基部或地面结茧，可采取树干绑草等方法诱集，及时予以清除；果园作业较空闲时，可根据刺蛾越冬场所采用敲、挖、剪除等方法清除虫茧。

（2）**物理防治** 使用频振式杀虫灯诱杀成虫。

（3）**生物防治** 一是保护利用寄生性天敌，有刺蛾紫姬蜂、刺蛾广肩小蜂、上海青蜂、爪哇刺蛾姬蜂和健壮刺蛾寄蝇；二是在低龄幼虫期可选用100亿/毫升短稳杆菌悬浮剂500～600倍液、400亿孢子/克球孢白僵菌可湿性粉剂（20～30克/亩）、100亿PIB/克斜纹夜蛾核型多角体病毒悬浮剂（60～80毫升/亩）等生物农药进行防治。

（4）**药剂防治** 黄刺蛾幼龄幼虫对药剂敏感，在初龄幼虫发生盛期，密度大时喷药防治，药剂可选用25%灭幼脲悬浮剂4 000～5 000倍液或20%虫酰肼悬浮剂（13.5～20克/亩）或90%敌百虫晶体1 500倍液或2.5%溴氰菊酯乳油2 000～3 000倍液等进行防治。

绒刺蛾

分类地位 绒刺蛾[*Phocoderma velutinum*（Kollar）]，属鳞翅目刺蛾科。

为害特点 主要以幼虫啃食叶片为害（图52）。

图52 绒刺蛾幼虫为害状

形态特征

成虫：雌蛾体长21～25毫米，翅展50～68毫米，全体黑褐带紫色光泽，头部黑褐色，复眼黑色球形，触角丝状，下唇须黑褐色，向上弯曲，胸、腹部均被有较厚的黑褐色毛，前翅前缘自基部到近顶角的4/5处和后缘的1/3处，被1条灰褐色的曲线，围成1块黑褐带紫色光泽的高梯形大斑，后翅淡紫褐色，后缘缘毛较长，前足被黑褐毛，爪和中足均黑褐色。

卵：椭圆形，长约4毫米，宽约3毫米，初产为淡黄色，后呈淡绿色，扁平呈水泡状。

幼虫：老熟幼虫体长30～35毫米，宽约7毫米，绿色，前、后端各有刺4根，枝刺高15毫米左右，各着生黑褐色长毛，背部有淡黄色梯形圆斑8块，以前端第一对枝刺间的斑块最大，其余各斑较小，体侧亚背线与气门上线间有8个黄色菱形斑，气门上线有11个短刺突。

发生特点

发生代数	1年发生1代
越冬方式	以老熟幼虫在茧内越冬
发生规律	越冬幼虫于3月中旬化蛹，3月中下旬至4月上旬产卵，卵产于叶背面，经5～8天孵化出幼虫，开始取食为害。幼虫期共8龄，7月底或8月初八龄老熟幼虫停止取食2、3天后，沿树干爬下在树脚隐蔽处或疏松表土内作茧越冬，8月中下旬开始幼虫减少
生活习性	成虫白天栖息草丛内不动，夜间活动，有较强的趋光性，卵散产于叶背

防治适期 卵孵化盛期至低龄幼虫期。

防治措施 参照黄刺蛾。

扁刺蛾

扁刺蛾食性杂，寄主有苹果、梨、桃、李、杏、柑橘、樱桃、枣、柿、枇杷等多种果树，我国东北、华北、华东、华南、中南以及四川、云南、贵州、陕西等地区均有分布。

分类地位 扁刺蛾（*Thosea sinensis* Walker）又名黑点刺蛾，属鳞翅目刺蛾科。

为害特点 以幼虫取食叶片（图53），幼龄时仅在叶面啃食叶肉，残留表皮，六龄后食量大增，啃食全叶。

图53 扁刺蛾幼虫为害樱桃叶片

形态特征

成虫：雌虫体长14 ～ 18毫米，翅展26 ～ 32毫米，体灰褐色，腹面及足色较深。雄蛾体长12毫米左右，翅展25 ～ 30毫米，雄蛾的中室上角有1黑点，后翅暗灰色，后缘鳞毛灰白色，足灰褐色，前足跗节有白环5个，以第一环最大；触角丝状，基部十数节呈栉齿状（图54）。

卵：扁平光滑，椭圆形，长1.1毫米，初为淡黄绿色，孵化前呈灰褐色。

幼虫：深灰绿色，背线白色，边缘蓝色，体长约20毫米，宽约为8毫米，体扁，椭圆形，胸、腹部共分为11节，体边缘每侧有10个瘤状突起，其上生有刺毛，每一体节背面有两小丛刺毛，第四节背面两侧各有1红点（图55）。

图54 扁刺蛾成虫

图55 扁刺蛾幼虫

蛹：卵圆形，淡黑褐色，长12 ～ 15毫米，宽10毫米，初为乳白色，羽化前变为黄褐色。

发生特点

发生代数	北方1年1代，南方1年1 ～ 2代
越冬方式	以老熟幼虫在土内结茧越冬

（续）

发生规律	越冬幼虫翌年4月中旬至5月上旬化蛹，第一代幼虫盛期在6月
生活习性	成虫昼伏夜出，有趋光性，羽化后即交尾，约2天后产卵，卵期为7～12天，幼虫期为40～47天，蛹期约为15天，初孵幼虫肥胖，行动迟缓，极少取食，2天后蜕皮，开始取食叶肉，残留表皮，7～8天后开始分散取食，取食整个叶片。幼虫老熟后即下树入土结茧，结茧深度和距树干的远近与周围土壤质地有关，黏土地结茧部位浅且距树干远，腐殖土及沙壤土结茧部位深，而且密集

防治适期 卵孵化盛期至低龄幼虫期。

防治措施 参照黄刺蛾。

温馨提示

刺蛾幼虫体色鲜艳，人碰到虫身上的有毒刺毛就会被蜇，并引起皮疹，被扎后有疼、痒、辛、辣、麻、热等感觉，可伴随长时间肿胀，伤口被碰到时仍会引发疼痛。小鸟不会轻易接近。

梨小食心虫

分类地位 梨小食心虫（*Grapholitha molesta* Busck）又名梨小蛀果蛾、东方果蠹蛾、梨姬食心虫、桃折梢虫、小食心虫，属鳞翅目卷蛾科。

为害特点 以幼虫蛀入樱桃植株新梢为害，新梢被害后顶端很快枯萎(图56)，幼虫就转移至另一新梢上为害，每头幼虫可为害3～4个新梢。

图56　梨小食心虫幼虫在樱桃嫩梢内蛀食为害状

形态特征

成虫：雌雄差异极小，体长4.5 ~ 6.0毫米，翅展10 ~ 14毫米，体灰褐色，无光泽，触角丝状，前翅灰黑色，边缘有10组白色斜纹，翅面上密布灰白色鳞片，排列不规则，外缘约有10个小黑斑，后翅浅茶褐色，静止时两翅合拢，两外缘构成的角度大，成钝角，腹部与足呈灰褐色。

卵：初乳白色，后变淡黄色，扁椭圆形，中央隆起，周缘扁平。

幼虫：体长10 ~ 13毫米，体色呈淡黄色至淡红色，头黄褐色，臀栉4 ~ 7齿，腹足趾钩单序环30 ~ 40个，臀足趾钩20 ~ 30个。前胸气门前片上有3根刚毛（图57）。

蛹：长6 ~ 7毫米，黄褐色，纺锤形，腹部第三至七节背面前后缘各有1行小刺，茧白色、丝质，扁平椭圆形，长约10毫米。

图57 梨小食心虫幼虫

发生特点

发生代数	不同区域发生代次不同，河北、辽宁地区1年发生3 ~ 4代，山东、河南、江苏等地为4 ~ 5代
越冬方式	以老熟幼虫在树干裂缝中或翘皮下结茧越冬，主干、主枝、侧枝、根茎、主干分叉及主枝分叉处的老翘皮、树洞、附近表土、落叶杂草、石缝等部位均有分布
发生规律	不同地区发生规律有差异，华北、山东等地区，越冬代成虫4月下旬至6月中旬发生，以后世代重叠严重，第一代成虫5月下旬至7月上旬发生
生活习性	成虫傍晚活动，喜食糖醋液和烂苹果液，夜间产卵在叶、果面上，卵孵化后幼虫钻蛀到果实或嫩梢里为害，为害嫩梢时，从嫩梢幼嫩部位钻入，在梢内向下蛀食，被害嫩梢顶端嫩叶萎蔫枯死。幼虫老熟后从脱果孔爬出，到梗洼、枝干粗皮裂缝等处结茧化蛹，羽化成虫后产卵再繁殖下一代。该虫寄主复杂，有转移为害习性

防治适期

幼虫孵化盛期。

防治措施

（1）**农业防治** ①改善种植结构。梨小食心虫具有转移寄主为害的习性，因此合理的种植结构能够降低其田间种群基数，建园时尽量避免樱桃、梨、桃、李等多树种混栽或近距离栽植。②加强田间管理。梨小食心虫幼虫发生为害期及时剪除被害新梢、摘拾虫果，并于采收后彻底清园，幼虫脱果越冬前，在树干上绑诱虫带或束草进行诱集，并于翌年春天出蛰前取下烧毁，或者在距离树干中心1.0 ～ 1.5米范围内堆积20厘米厚的土堆，诱集老熟幼虫越冬，并在冬季低温时散开，均可压低越冬虫口基数，在果树休眠期刮除老皮、翘皮烧毁。③果实套袋。受害严重的果园进行果实套袋，能够有效防治梨小食心虫为害。

（2）**理化诱控** ①从4月上旬开始，设置频振式杀虫灯或黑光灯诱杀成虫。②配制糖醋液诱杀成虫。③使用性诱剂诱捕雄虫。④使用迷向丝干扰成虫交配产卵。

（3）**生物防治** ①保护利用天敌。梨小食心虫天敌有松毛虫赤眼蜂、广赤眼蜂和玉米螟赤眼蜂等。②喷施生物药剂。幼虫孵化盛期或果实受害初期，可选用100亿/毫升短稳杆菌悬浮剂600 ～ 800倍液、16 000IU/毫克苏云金杆菌可湿性粉剂600倍液或100亿PIB/克斜纹夜蛾核型多角体病毒悬浮剂（60 ～ 80毫升/亩）等生物药剂进行防治。

大蓑蛾

大蓑蛾除为害樱桃外，还能为害茶、油茶、枫杨、刺槐、柑橘、咖啡、枇杷、梨、桃等。我国福建、浙江、江苏、安徽、天津、湖北、江西、台湾、贵州等地区均有分布。

分类地位 大蓑蛾（*Cryptothelea variegate* Snellen）又名大袋蛾、大背袋虫，属鳞翅目蓑蛾科。

为害特点 主要以幼虫咬食叶片、嫩梢或剥食枝干、果实皮层为害，低龄幼虫咬食叶肉，留下1层上表皮，形成不规则半透明斑。幼虫能吐丝造护囊，丝上黏附叶片、小枝或其他碎片（图58）。随着虫龄的增长进入暴食期后，大

图58 大蓑蛾为害状及护囊

量取食叶片成不规则孔洞，发生严重时将局部叶片全部吃光，严重影响寄主的开花结果及树体长势。

形态特征

成虫：雌成虫体肥大，体长20 ~ 30毫米，淡黄色或乳白色，无翅，足、触角、口器、复眼均有退化，头部小，淡赤褐色，胸部背中央有1条褐色隆基，胸部和第一腹节侧面有黄色毛，第七腹节后缘有黄色短毛带，第八腹节以下急骤收缩，外生殖器发达；雄成虫为中小型蛾子，体长15 ~ 20毫米，翅展35 ~ 44毫米，体褐色，有淡色纵纹，前翅有红褐色、黑色和棕色斑纹后翅黑褐色，略带红褐色，前、后翅中室内中脉叉状分支明显（图59）。

图59　大蓑蛾雄成虫

卵：长1毫米，多呈椭圆形，体色呈淡黄色至黄色。

幼虫：体长在25 ~ 40毫米，共5龄，三龄后可区分雌雄，雌幼虫头部赤褐色，顶部有环状斑，前、中胸背板各有4条纵向暗褐色带，后胸背板有5条，五龄雄幼虫体长18 ~ 28毫米，黄褐色，头部暗色，前、中胸背极中央有1条纵向白带（图60）。

蛹：初化蛹为乳白色，后变为暗褐色，雌蛹体长25 ~ 30毫米，赤褐色，尾端有3根小刺。雄蛹为被蛹，长椭圆形，体长18 ~ 24毫米，腹末有1对角质化突起，顶端尖，向下弯曲成钩状（图60）。

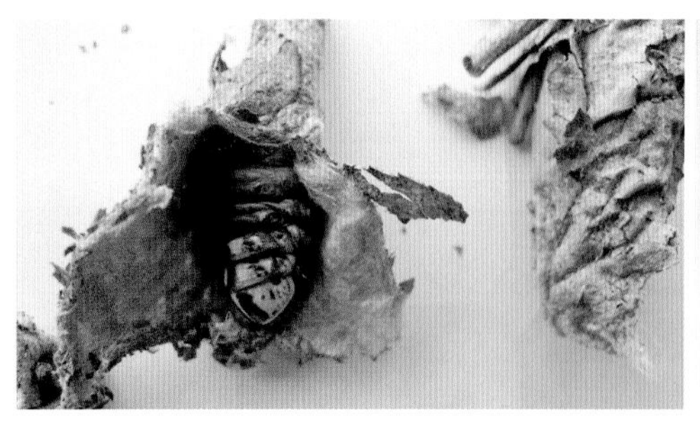

图60　大蓑蛾蛹

发生特点

发生代数	1年发生1代
越冬方式	以老熟幼虫在枝叶上的护囊内越冬
发生规律	越冬幼虫自10月中旬至翌年4月中旬不取食。4月中、下旬气温稳定超过10℃后，雄、雌幼虫先后化蛹、羽化、交尾、产卵。6月中下旬幼虫孵化开始为害作物。9月下旬至10月中旬幼虫陆续在枝干顶端吐丝固定护囊，10月中旬后幼虫进入冬眠期
生活习性	越冬雄虫于4月中旬开始化蛹，化蛹前幼虫在蓑囊内转向180°，头向蓑囊排泄口。5月上中旬进入化蛹盛期，羽化时自蛹胸背部纵向裂开，头、胸、翅先脱出蛹壳，雄蛾具弱趋性，趋化性不明显。雌虫化蛹、雌蛹羽化均稍晚于雄虫。雌蛹羽化时，自蛹末第二节断开，有橘黄色绒毛状物充塞于蓑囊排泄口内，雌蛾仍在蛹皮中，但能蜕出蛹皮蠕动于蓑囊排泄口处迎接雄蛾前来交尾。雄蛾交尾后，很快死去。雌蛾将卵产在蓑囊排泄口内黄绒毛上，单雌产卵26 ～ 3 000粒不等

防治适期 卵孵高峰期至低龄幼虫期。

防治措施

（1）**农业防治**　进行果园管理时，发现虫囊及时摘除，集中烧毁。

（2）**物理防治**　利用成虫趋光性，用频振式杀虫灯或黑光灯诱杀。

（3）**生物防治**　一是低龄幼虫期时可选用100亿/毫升短稳杆菌悬浮剂600 ～ 800倍液、100亿PIB/克斜纹夜蛾核型多角体病毒悬浮剂60 ～ 80毫升/亩等生物药剂进行防治；二是保护寄生蜂等天敌。

（4）**化学防治**　在幼虫低龄盛期喷洒25%灭幼脲悬浮剂4 000倍液、20%虫酰肼悬浮剂13.5 ～ 20.0克/亩、4.5%高效氯氰菊酯乳油600倍液、2.5%高效氯氟氰菊酯乳油600倍液、1%甲氨基阿维菌素苯甲酸盐乳油1 000倍液、2.5%溴氰菊酯乳油1 000倍液等低毒、低残留农药。

桃剑纹夜蛾

分类地位 桃剑纹夜蛾（*Acronicta incretata* Hampson）又名苹果剑纹夜蛾，属鳞翅目夜蛾科。

为害特点 以幼虫为害，初龄幼虫群集叶背取食上表皮和叶肉，仅留下表皮和叶脉，受害叶片下表皮呈网状。幼虫稍大后将叶片食成孔洞和缺刻（图61）。影响叶片光合作用，削弱樱桃树势。

图61 桃剑纹夜蛾幼虫取食叶片

形态特征

成虫：体长18 ~ 20毫米，翅展42 ~ 46毫米，体灰褐色，前翅基线仅见前缘2条黑褐色剑状纹，内线黑褐色，双线，波浪形曲折外斜，中线前缘有1条深褐色外斜剑状纹，外线肾纹前方有2条黑褐色条纹，亚端线黑褐色，单线锯齿形（图62）。

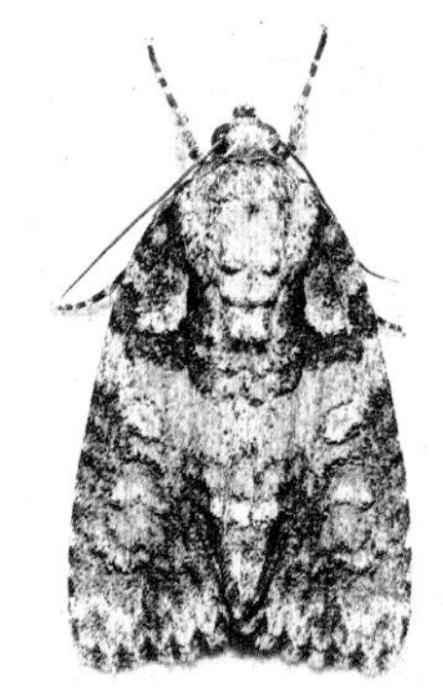

图62 桃剑纹夜蛾成虫

卵：横径约1毫米，半球形，乳白色。

幼虫：体长约40毫米，体背有1条橙黄色纵带，两侧每节有1对黑色毛瘤，腹部第1节背面为一突起的黑毛丛（图63）。

图63 桃剑纹夜蛾幼虫

蛹：长10～20毫米，棕褐色有光泽，腹部末端有8个钩刺。

发生特点

发生代数	1年发生2代
越冬方式	以蛹在树干缝隙或土壤表层越冬
发生规律	第二年5月中旬至6月上旬羽化出第一代成虫，第二代成虫发生期在7～8月，幼虫9月下旬至10月上旬老熟，入土作茧化蛹越冬
生活习性	成虫昼伏夜出，有趋糖性、趋光性，成虫分散产卵于叶面，卵孵化后，幼虫分散取食

防治适期 虫量少时不必防治，预测大发生时幼虫孵化高峰期为防治适期。

防治措施

（1）**农业防治** 秋后深翻树盘和刮粗翘皮，消灭越冬蛹，减少翌年发生量。

（2）**物理防治** 利用趋光性，成虫发生期设置环保防护型黑光灯或频振式杀虫灯在夜间诱杀成虫，减少虫源基数。

（3）**生物防治** 一是加强对蜻蜓、蜘蛛、步甲、微小花蝽、螳螂、黑蚂蚁、猎蝽、赤眼蜂、草蛉和鸟类等天敌的保护；二是幼虫孵化盛期喷施生物农药，可选用100亿/毫升短稳杆菌悬浮剂600倍液、16 000IU/毫克苏云金杆菌可湿性粉剂600倍液或0.3%印楝素乳油1 000～2 000倍液等生物药剂喷洒进行防治。

（4）**化学防治** 低龄幼虫期发生严重时，选用2.5%溴氰菊酯乳油2 500倍液、1.8%阿维菌素乳油（40～80毫升/亩）或10%氯氰菊酯2 000倍液进行防治。

梨冠网蝽

我国东北、华北、华中、华东、西北、西南等地区均有分布。

分类地位 梨冠网蝽（*Stephanitis nashi Esakiet* Takeya）又名军配虫、花编虫、小臭大姐，属半翅目网蝽科。

为害特点 以成虫、若虫群集在叶背叶脉附近取食，被害叶初期出现黄

白色小斑点，严重时斑点扩大，叶片苍白（图64）。若虫的分泌物和排泄物污染叶片，形成黄褐色锈斑，引起霉污（图65）。

图64 梨冠网蝽叶部被害状
A.叶片正面显出黄白色褪绿小点 B.梨网蝽在叶片背面的为害状

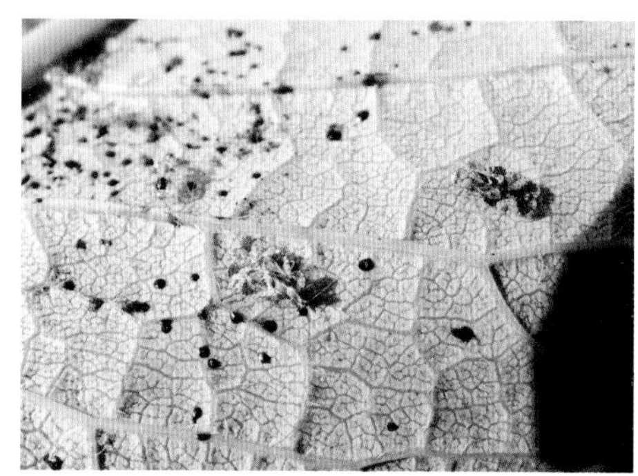

图65 梨冠网蝽成虫及若虫排泄物
（黑褐色点状液体）

形态特征

成虫：体长3.3 ~ 3.5毫米，扁平，暗褐色。头小、复眼暗黑，触角丝状，翅上布满网状纹。前胸背板隆起，向后延伸呈扁板状，盖住小盾片，两侧向外突出呈翼状。前翅合叠，其上黑斑构成X形黑褐斑纹。虫体胸腹面黑褐色，有白粉。腹部金黄色，有黑色斑纹。足黄褐色。卵长椭圆形，长0.6毫米，稍弯，初淡绿后淡黄色（图66）。

卵：椭圆形，淡绿色至淡黄色。

若虫：暗褐色，翅芽明显，外形似成虫，头、胸、腹部均有刺突（图66）。

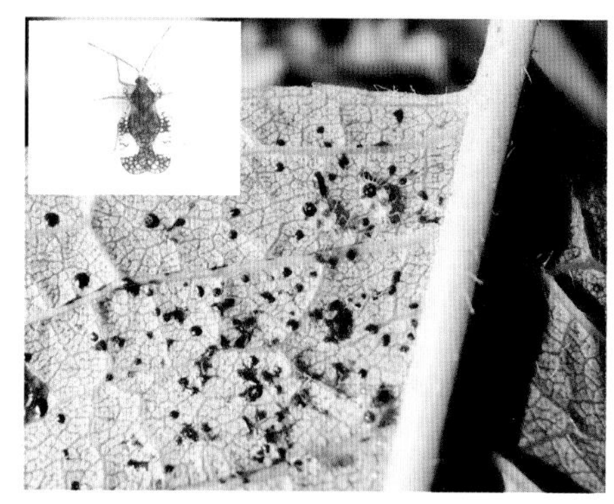

图66 梨冠网蝽成虫和若虫

发生特点

发生代数	1年发生3～4代
越冬方式	以成虫在树干翘皮下、裂缝内、杂草、落叶或石块下越冬
发生规律	翌年4月中旬开始出蛰，4月下旬至5月上旬为出蛰盛期，5～9月可见卵、若虫、成虫各虫态，有世代重叠现象
生活习性	成虫先在树冠下部的叶片上取食，以后逐渐向树冠上部扩散，若虫五龄，多在夜间羽化，雌成虫一生多次交尾，每次交尾历时1～2小时。雌成虫交尾1～2天后开始产卵，卵多产在叶背主脉附近的叶肉组织内。每产完1粒卵，即分泌褐色胶状液涂在卵上。每次产卵20粒左右，最多40多粒。每次产的卵相对集中，产卵1周左右，间歇1～2天，在间歇期间再行交尾，卵期在15天左右，卵孵化率高，约在90%以上。若虫从顶破卵帽至全部出壳约15分钟，若虫喜群集在叶背吸食叶液，被害叶片背面堆积深褐色排泄物斑点

防治适期 越冬成虫出蛰期和第一代若虫发生期。

防治措施

（1）**农业防治** 10月上旬开始，在树上束草把，诱集成虫越冬，入冬后或翌年成虫出蛰前解下草把和枯枝落叶一并烧毁。

（2）**生物防治** 选用1%苦皮藤素水乳剂300倍液进行防治。

（3）**化学防治** 越冬成虫出蛰期和第一代若虫发生期是重点防治时期，可选用2.5%溴氰菊酯乳油3 000倍液、10%吡虫啉可湿性粉剂1 000～1 500倍液、3%啶虫脒乳油1 500倍液喷雾防治。

花壮异蝽

该虫在我国河北、辽宁、吉林、福建、江西、湖北、广西、贵州、陕西等地均有分布。

分类地位 花壮异蝽（*Urochela lutoovaria* Distant），属半翅目异蝽科。

为害特点 以成虫和若虫刺吸枝梢和果实。枝条被害后，生长缓慢，影响树势，严重时枯萎死亡。果实受害后生长畸形，硬化，不堪食用，失去商品价值。

形态特征

成虫：体长10～13毫米，宽5毫米，椭圆形，扁平，褐色至黄绿色。头淡黄色，中央有2条褐色纵纹。触角丝状，5节，黑褐色，第四、第五

节基部淡黄色，端半部黑色。前胸背板、小盾片、前翅革质部分，均有黑色细小刻点，前胸前缘有一黑色“八”字形纹。腹部两侧有黑白相间的斑纹，常露于翅缘外面，腹面黑斑内侧有3个小黑点（图67）。

卵：椭圆形，直径0.8毫米，淡黄绿色，常20～30粒排列在一起，上面覆有1层黄白色或微带紫红色的透明分泌物。

若虫：形似成虫，无翅，初孵化时黑色。二龄若虫头、胸部暗褐色，腹部黄色。四龄前触角4节，五龄后触角5节。前胸背板两侧有黑色斑纹。腹部棕黄色，各节均有黑色斑纹和小红点，背面中央有3条长方形黑色斑纹（图68）。

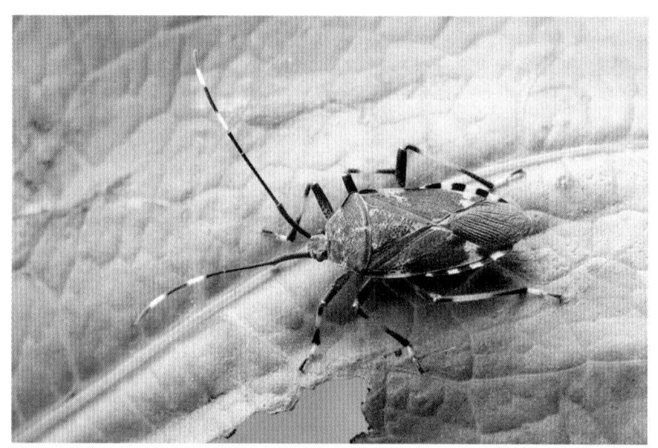

图67 花壮异蝽成虫

图68 花壮异蝽若虫

发生特点

发生代数	每年发生1代
越冬方式	以二龄若虫在枝干皮缝中越冬
发生规律	春季梨树萌芽时出蛰，逐渐分散到附近嫩梢上取食，坐果后也可为害果实，6月上旬若虫陆续老熟羽化为成虫，7月中旬前后为羽化盛期，成虫寿命长达4～5个月，成虫羽化后经过补充营养，到8～9月开始交尾、产卵，9月上中旬为产卵盛期
生活习性	卵多产于树皮缝隙中，也有产于叶片和果实上。卵期大约10天，9月上旬若虫孵化，经过一段取食后，到10月陆续以二龄若虫在枝干粗皮缝中越冬

防治适期 低龄若虫期。

防治措施

（1）**农业防治** 早春萌芽以前进行刮树皮，刮下的树皮要集中深埋或烧毁，消灭其中越冬幼虫。8月中旬以后在枝干上绑草把诱集成虫产卵，并每周检查1次，消灭所产卵块。

（2）**生物防治** 选用1%苦皮藤素水乳剂300倍液进行防治。

（3）**化学防治** 在早春越冬若虫活动期或者夏季若虫群集枝干时，进行喷药可以获得较好效果，可选用2.5%溴氰菊酯乳油3 000倍液、10%吡虫啉可湿性粉剂1 000 ～ 1 500倍液、3%啶虫脒乳油1 500倍液喷雾防治。

茶翅蝽

茶翅蝽寄主范围广泛，可为害苹果、梨、桃、樱桃、杏、海棠、山楂等果树，也可为害大豆、菜豆和甜菜等作物。我国东北、华北、华东、西北及西南地区均有分布。

分类地位 茶翅蝽（*Halyomorpha picus* Fabricius），俗称臭板虫、梨蝽象，属半翅目异翅亚目蝽次目蝽总科蝽科蝽亚科茶翅蝽属。

为害特点 成虫和若虫均可为害，以其刺吸式口器刺入叶片、花蕾、嫩梢和果实，叶和梢吸取汁液，成虫经常成对在同一果实上为害，而若虫则聚集为害（图69），该虫的口针随着生长发育而变长，在五龄若虫时有7毫米，在成虫期则达到8毫米。果实被害后被害处木栓化，变硬，发育停止而下陷成畸形，硬化，不堪食用，失去商品价值，除了刺吸对植物造成直接为害外，被刺吸的部位很容易被病菌侵染，更重要的是在刺吸的同时可传播病毒。

图69 茶翅蝽为害状

A.果实被害状（引自詹海霞，2020） B.叶片被害状

形态特征

成虫：长11～16毫米，宽6～9毫米，成虫体长椭圆形，体色变异大，一般为茶褐色，体腹面黄褐色或红褐色，体背密被黑色或绿色点刻，触角细长、黄褐色、具细黑点，触角基部附近有金绿色点刻，第四节两端及第五节基端黄或橘黄色，其作均为黑褐色；复眼棕黑、单眼红；喙伸达腹部第一腹节。前胸背板前侧缘具黄色狭边，但不及侧角，胝后横列4个小白点，后部常有5～6条模糊的纵条纹，小盾片两侧各有1个黄白色斑，基缘有3个黄白色小点。翅膜片长于腹末，脉纹上常具深色条纹。胸足与体腹面同色，各足腿节具黑褐色小点（图70）。

图70　茶翅蝽成虫

卵：长0.9～1.2毫米，横径约0.45毫米，短圆筒形，顶端平坦，中央略鼓，初产时乳白色，周缘环生短小刺毛，通常28粒卵并列为不规则三角形的卵块，隐蔽于叶背面（图71）。

图71　茶翅蝽初卵幼虫及卵块

若虫：可分为5龄，初孵若虫长约为4毫米，淡黄色，头部黑色，二龄约5毫米，体色淡褐，头部为黑褐色，腹背面出现2个臭腺孔，三龄约8毫米，棕褐色，四龄约为11毫米，茶褐色，翅芽达到腹部第三节。五龄约为12毫米，腹部呈茶褐色（图72）。

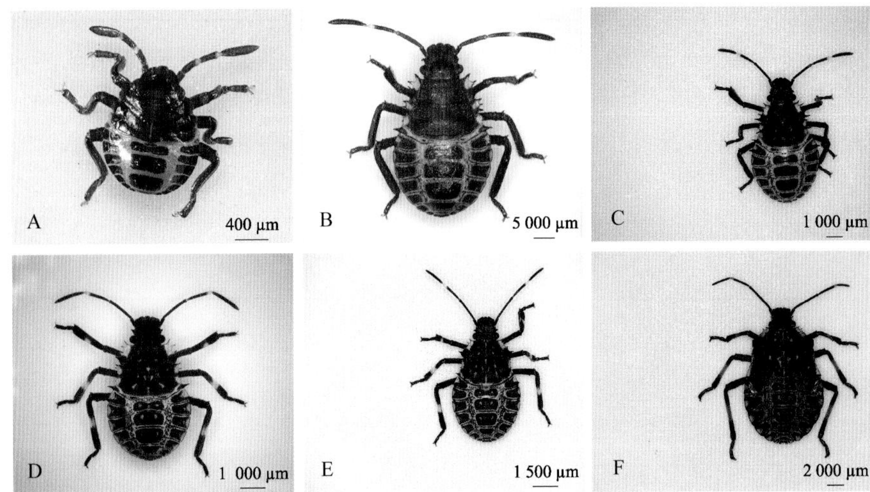

图72　茶翅蝽若虫

A.一龄若虫　B.二龄若虫　C、D.三龄若虫　E.四龄若虫

发生特点

发生代数	不同地区发生代数不同，南方地区茶翅蝽1年可发生5～6代，北方则每年发生1～2代
越冬方式	以成虫在果园中或果园外的建筑物上缝隙、石缝、树洞等场所越冬
发生规律	翌年4～5月成虫即可出蛰为害，主要为害嫩芽、幼叶与幼果，5月越冬成虫开始交配产卵，主要产于叶背，6月若虫开始出现，若虫具有群聚性，三龄后分散取食，8月以前羽化为第一代成虫，第一代成虫可很快产卵，并发生第二代若虫。9月下旬气温逐渐下降，成虫开始迁移越冬
生活习性	茶翅蝽田间雌雄性比约为1∶1，雌雄成虫可在1日内或连续几日多次交配，日交配可达5次之多，交配多发生在夜里，每次平均持续时间约为10分钟，雌虫1次交配便可持续产卵半生，然而随着交配次数的增加，雌虫的产卵量和产卵时间持续增加 若虫扩散能力较差，尤其是低龄若虫，常聚集为害。成虫飞翔能力强，单次可飞行1 866米。每头雌虫一生最多产卵4块，最少1块，大部分卵粒比较固定，即28粒。 成虫、若虫受到惊扰或触动时，立即分泌臭液并逃逸。在室内发现该虫时为将它不在放臭气的情况下弄出去，可以让它爬上报纸或者扫把上，然后再把它弄出去，碾压将导致它释放全部臭气

防治适期

低龄若虫期。

防治措施

(1) **农业防治**　在秋冬季，人工捕杀在果园附近的建筑物内大量集聚成虫，并在成虫产卵期内查找卵块，并摘除。

（2）**生物防治**　可利用天敌进行防控，天敌有茶翅蝽沟卵蜂、角槽黑卵蜂、蝽卵金小蜂、平腹小蜂、小花蝽、三突花蛛、食虫虻等；也可选用1%苦皮藤素水乳剂300倍液进行防治。

（3）**化学防治**　在若虫群集枝干时，进行喷药可以获得较好效果，可选用40.7%毒死蜱乳油1 200倍液、2.5%溴氰菊酯乳油3 000倍液、10%吡虫啉可湿性粉剂1 000 ～ 1 500倍液、3%啶虫脒乳油1 500倍液喷雾防治。

麻皮蝽

麻皮蝽除为害樱桃外，还能为害苹果、枣、沙果、李、山楂、梅、桃、杏、石榴、柿、海棠、板栗、龙眼、柑橘、杨、柳、榆等。我国内蒙古、辽宁、陕西、四川、云南、广东、海南及台湾等省均有发生。

分类地位　麻皮蝽［*Erthesina full* (Thunberg)］，属半翅目蝽科。

为害特点　以若虫和成虫刺吸为害嫩梢、叶片及果实，发生严重时可造成大量叶片提前脱落、受害枝干枯死及落果。

形态特征

成虫：体长20 ～ 25毫米，体稍宽大，黑褐色，密布黑色刻点及黄色不规则小斑。头部稍狭长，前尖，侧叶和中叶近等长，头两侧有黄白色细脊边，复眼黑色，触角5节，丝状，黑色，第五节基部1/3淡黄白色或黄色，喙4节，淡黄色，末节黑色，头部前端至小盾片有1条黄色细中纵线。前胸背板有多个黄白色小点，腿节两侧及端部呈黑褐色，气门黑色，腹面侧接缘节间具小黄斑，中央具一纵沟，前翅标褐色，边缘具有许多黄白色小点。足基节间褐黑色，跗节端部黑褐色，具1对爪（图73）。

图73　麻皮蝽成虫

卵：圆形或近鼓形，灰白色至淡黄色，顶端具盖，周缘有齿，不规则块状，数粒或数十粒黏在一起。

若虫：椭圆形，初孵若虫胸腹部有多条红、黄、黑相间的横纹，二龄后体呈灰褐色至黑褐色，头端至小盾片具1条黄色或微黄红色细纵线，触角黑色，4节，第四节基部黄白色，前胸背板、小盾片、翅芽暗黑褐色，前胸背板中部具4个横排淡红色斑点，内侧2个较大，小盾片两侧角各具淡红色稍大斑点1个，与前胸背板内侧的2个排成梯形。腹部背面中央具纵裂暗色大斑3个，每个斑上有横排淡红色臭腺孔2个（图74）。

图74　麻皮蝽若虫
A.初孵若虫　B.二龄后若虫

发生特点

发生代数	1年发生1代
越冬方式	以成虫在枯叶下、草丛中、树皮裂缝中越冬
发生规律	翌年3月下旬出蛰活动为害，5～7月交配产卵，7～8月羽化为成虫，为害至深秋开始越冬
生活习性	成虫飞行能力强，喜在果树上部活动，有假死性，受惊扰时分泌臭液，卵多产于叶背，卵期约50天，若虫孵化后多聚集在一起

防治适期 低龄若虫期。

防治措施

（1）**农业防治** 在成虫产卵盛期人工摘除卵块和或若虫团。

（2）**生物防治** 选用1%苦皮藤素水乳剂300倍液进行防治。

（3）**化学防治** 在低龄若虫期时喷施1%甲氨基阿维菌素苯甲酸盐乳油1 000倍液、50%氟啶虫胺腈水分散粒剂5 000倍液等化学药剂。

绿盲蝽

绿盲蝽是一种刺吸式口器的杂食性害虫。不仅为害樱桃，还为害葡萄、苹果、桃、樱桃、茶、胡萝卜、香菜、葎草、艾蒿、黄花蒿等野生杂草等，寄主植物多达54科288种，主要分布于我国长江流域地区的江苏以及黄河流域地区的天津、河北、河南、山东等省份。

绿盲蝽

分类地位 绿盲蝽（*Apolygus lucorum* Meyer-Dür）又名绿后丽盲蝽、小臭虫，属半翅目盲蝽科。

为害特点 以若虫和成虫刺吸植物幼芽、幼叶、花、果、枝汁液，叶片受害后形成具大量破孔，并且皱缩不平（图75、图76）。

图75 果实被害状

图76　叶片被害状

形态特征

成虫：体长5毫米，宽2.2毫米，体绿色，密被短毛，头部黄绿色，呈三角形状，复眼黑色，触角丝状，4节，长度约为体长的2/3，触角第二节约等于第三、四节长之和，越往端部颜色越深，前胸背板深绿色，多个黑色小点，前缘宽，小盾片黄绿色，呈三角形，中央有1浅纵纹，前翅膜膜片半透明暗灰色，足黄绿色，胫节末端、跗节色较深，后足腿节末端具褐色环斑（图77）。

图77　绿盲蝽成虫

卵：长约1毫米，黄绿色，长口

袋形，卵盖奶黄色，中央凹陷，两端突起（图77）。

若虫：若虫有5龄，初孵时绿色，复眼桃红色，二龄黄褐色，五龄后鲜绿色，密被黑细毛（图78）。

图78 绿盲蝽卵

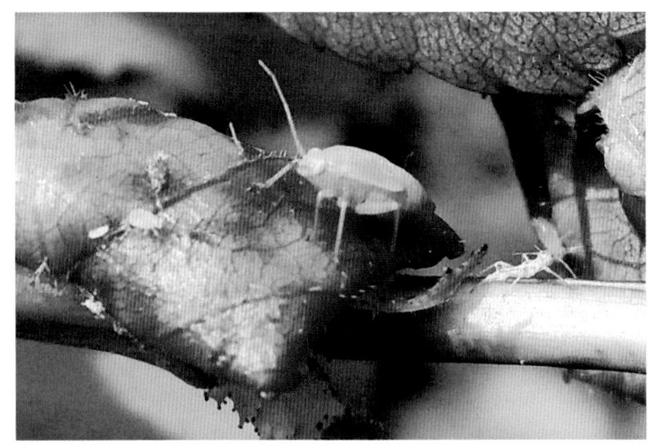

图79 绿盲蝽若虫

发生特点

发生代数	不同地区代数不等，北方一般3～5代，南方地区6～7代
越冬方式	以卵在果树顶芽鳞片内或杂草或土层中越冬
发生规律	翌年3～4月温度高于10℃、相对湿度达70%以上卵开始孵化，孵化后若虫上树进行为害，6月开始转移到杂草及其他作物上为害，10月中旬左右最后一代成虫迁回到果树、杂草、土层中产卵越冬

（续）

生活习性	成虫、若虫生性均属活泼，遇惊扰后爬行迅速，成虫飞行力强，喜食花蜜，羽化后1周即开始产卵，非越冬代的卵多产于嫩叶、茎、叶柄、叶脉等组织内，黄色卵盖露外，卵期7～10天。果园附近种植棉花、苜蓿等作物有利于该虫大发生

防治适期 低龄若虫期。

防治措施

（1）**农业防治** 冬季清园时，清除果园落叶、杂草，并翻整果园土壤，可减少越冬虫源基数。

（2）**生物防治** 在果园里释放寄生蜂、草蛉，能够有效地控制该虫的发生为害。

（3）**化学防治** 在芽萌动期内或若虫期内，喷施1%甲氨基阿维菌素苯甲酸盐乳油1 000倍液、50%氟啶虫胺腈水分散粒剂5 000倍液等化学药剂。

珀蝽

珀蝽分布广泛，在我国陕西、浙江、四川、福建、广西、广东、西藏等地均有发生。除为害樱桃、苹果、桃等果树外，还为害泡桐、国槐等多种园林植物。

分类地位 珀蝽[*Plautia fimbriata*（Fabricius）]，半翅目异翅亚目蝽科蝽亚科珀蝽属。

为害特点 成虫和若虫均吸食嫩叶、嫩茎和果实的汁液，严重时造成叶片枯黄，提早落叶，树势衰弱。被害嫩梢停止生长，果实受害部分停止发育，形成果面凹凸的“疙瘩果”。对套塑膜袋和纸袋的果实亦有一定为害，严重影响果实品质及外观。

形态特征

成虫：体长8.0～11.5毫米，宽5.0～6.5毫米。椭圆形，有光泽，体布有黑色细刻点，前胸背板鲜绿色，侧角末端处常为红色，后侧缘处刻点较密而黑，前翅革片外域鲜绿，其上的刻点同色，内域暗红色，刻点较粗大，色黑，常组成不规则的斑。侧接缘后角尖锐，腹部侧缘后角黑色，腹面淡绿，胸部及腹部腹面中央淡黄，中胸片上有小脊，各节后侧角有一小黑斑，足鲜绿色（图80）。

图80 珀蝽成虫

卵：长0.94 ~ 1.00毫米，宽0.72 ~ 0.75毫米。圆筒形，初产时灰黄，渐变为暗灰黄色。假卵盖周缘具精孔突32枚，卵壳光滑，网状。

若虫：体较小，似成虫。

发生特点

发生代数	1年发生3代
越冬方式	以成虫在枯草丛中、林木茂盛处越冬
发生规律	翌年4月上、中旬开始活动，4月下旬至6月上旬产卵，5月上旬至6月中旬陆续死亡。第一代在5月上旬至6月中旬孵化，6月中旬始羽，7月上旬开始产卵。第二代在7月上旬始孵，8月上旬末始羽，8月下旬至10月中旬产卵。第三代在9月初至10月下旬初孵化，10月上旬始羽。10月下旬开始陆续蛰伏越冬
生活习性	成虫趋光性强，晴天上午及午后较活泼，中午常栖于荫蔽处，卵多产于叶背，多呈块状，每块14粒紧凑排列，双行或不规则紧凑排列

防治适期

低龄若虫期。

防治措施

（1）**农业防治** 在成虫产卵盛期人工摘除卵块和若虫团。

（2）**生物防治** 选用1%苦皮藤素水乳剂300倍液进行防治。

（3）**化学防治** 在低龄若虫期时喷施1%甲氨基阿维菌素苯甲酸盐乳油1 000倍液、50%氟啶虫胺腈水分散粒剂5 000倍液等化学药剂。

稻绿蝽

在我国华东、华南、华北及西南地区均有分布，寄主除樱桃外，还为害水稻、玉米、花生、棉花、豆类、十字花科蔬菜、油菜、芝麻、茄子、辣椒、马铃薯、桃、李、梨、苹果等。

分类地位 稻绿蝽[*Nezara virdula* (Linnaeus)]，属半翅目蝽科。

为害特点 以成虫、若虫刺吸樱桃嫩梢、叶片、幼果和成熟果的汁液，叶片受害后褪绿、萎蔫，果实受害后瘘小畸形，严重影响果实品质及外观。

形态特征 全绿型

成虫：具不同色型，根据体色和斑点的变化分为全绿型、黄肩型、点斑型及综合型（图81）。长12.5～16.0毫米，宽6.0～8.5毫米，长椭圆形，体和足绿色，头近三角形，侧、中叶等长，触角5节，第三节末及第四、五节末端棕褐色至黑色，基节黄绿色，其余青绿色，复眼黑色，单眼红色。前胸背板，角钝圆，前侧缘多具黄色狭边，小盾片长三角形，末端狭圆，基缘有3个小白点，两侧角外各有1个小黑点。前翅稍长于腹末，鞘革片基缘狭窄淡黄色，侧接缘各节缝的中央有1小黑点，足跗节3节，灰褐。腹部和背板全绿色。

卵：杯形，整齐排列成卵状。卵初产始浅黄白色，后变红褐色，孵化色灰褐色，顶端有卵盖，稍突起，周缘白色（图82）。

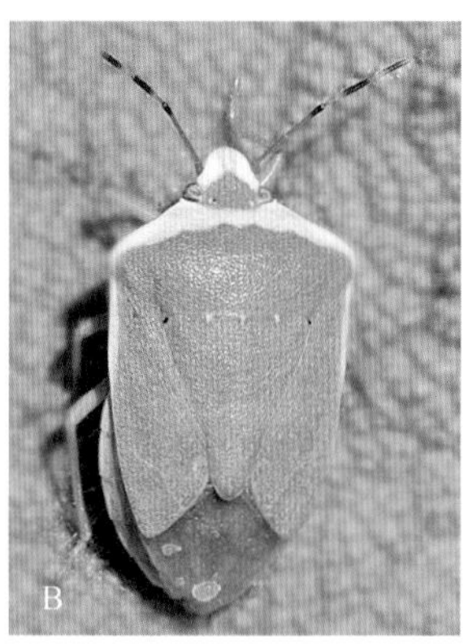

图81　稻绿蝽成虫
A.全绿型　B.黄肩型

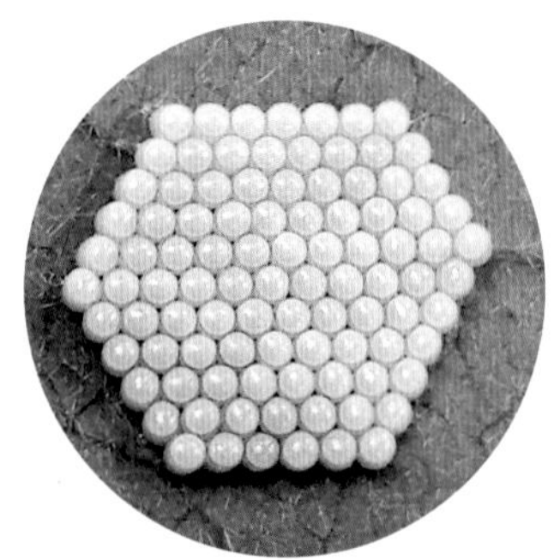

图82　稻绿蝽卵

若虫：色型不同的成虫的后代若虫体色有所不同，共5龄（图83）。一龄体长1.1～1.4毫米，全体暗褐色，前、中胸背板有1个大型橙黄色圆斑，一、二腹节背面两侧有长形白斑1个，五、六腹节背面靠中央两侧各有1黄色斑点。二龄体长1.9～2.1毫米，黑褐色，前、中胸背板两侧各出现1椭圆形黄斑。三龄体长4.0～4.2毫米，一、二腹节背面有2个近圆形白斑，第三腹节至腹末节背面两侧各出现6个圆形白斑。四龄体长5.2～6.0毫米，色泽变化大，头部出现粗大的"上"字形黑纹，黑纹两侧黄色，是该龄的重要特征，前翅芽露出。五龄体长7.4～10毫米，以绿色为主，触角先端黑色，前胸与翅芽散生黑色斑点，外缘橙红，腹部边缘具半圆形红斑，中央部亦具红斑，足赤褐色，跗节黑色。

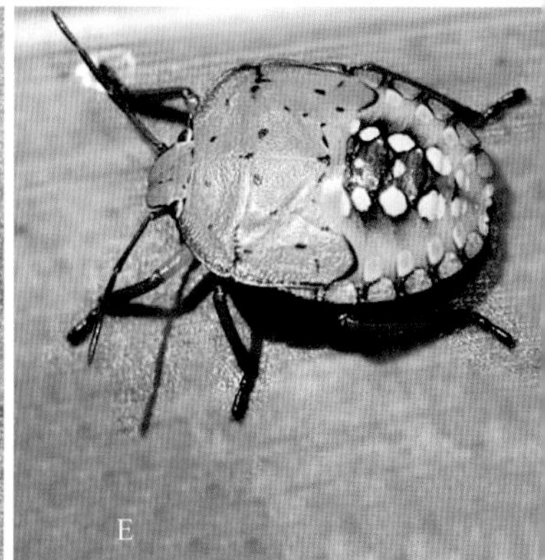

图83　稻绿蝽若虫

A.一龄若虫　B.二龄若虫　C.三龄若虫　D.四龄若虫　E.五龄若虫

发生特点

发生代数	北方1年1代，南方1年3 ~ 4代
越冬方式	以成虫在杂草、石缝、土缝以及寄主上越冬
发生规律	越冬成虫翌年3月底至4月初开始活动，4月中下旬为盛出期，4月下旬开始交尾产卵，5月中旬初开始产卵，第一代成虫出现在6 ~ 7月，第二代成虫出现在8 ~ 9月，第三代成虫出现在10月至11月上旬，11月上旬开始第三代成虫陆续进入越冬
生活习性	成虫具有较强的趋光性，尤其黑光灯，可多次交配，卵成块产于寄主叶片上，规则排列成3 ~ 16行，每块卵粒数量不等，差异大，排列整齐，低龄幼虫具群居性，三龄后分散，成虫和若虫均具假死性

防治适期 低龄若虫期。

防治措施

（1）**摘除卵块** 在成虫产卵盛期人工摘除卵块和若虫团。

（2）**喷施生物药剂** 选用1%苦皮藤素水乳剂300倍液进行防治。

（3）**化学防治** 在低龄若虫期时喷施1%甲氨基阿维菌素苯甲酸盐乳油1 000倍液、50%氟啶虫胺腈水分散粒剂5 000倍液等化学药剂。

山楂叶螨

山楂叶螨除为害樱桃外，还能为害梨、苹果、桃、山楂、李等多种果树。我国北京、河北、山西、江西、山东、广西、甘肃、青海、贵州等地均有发生。

分类地位 山楂叶螨（*Tetrancychus vienensis* Zacher）又称山楂红蜘蛛，属真螨目叶螨科。

为害特点 多群居于叶片背面叶柄近基部两侧吐丝结网为害，幼螨、若螨、成螨均可为害，幼螨和若螨食量小，为害轻，成螨食量大，为害重，造成叶片表面出现黄色失绿斑点（图84），受害严重时常引起叶片提早脱落。

图84 山楂叶螨叶片为害状
A ～ C.山楂叶螨在叶片背面为害 D.叶片正面产生褪绿斑点

形态特征

雌螨：背观呈卵圆形，体长约0.6毫米，宽0.4毫米，春秋两季活动时呈红色，越冬雌螨的体色为朱红色，背面表皮的纹路纤细，在第三对背中毛和内骶毛之间横向，背毛12对，缺臀毛，肛后毛2对，气门沟顶端膝状弯曲部分分裂成多个短分支，不规则相互缠绕在一起，须肢跗节的端感器粗壮，呈圆锥形，足Ⅰ跗节前后两对双毛的近侧毛长度相等，跗节Ⅱ有刚毛15根，胫节Ⅱ有刚毛6根。爪间突分裂成3对几乎相同的刺毛，无背刺毛（图85-A、B）。

雄螨：背观呈菱形，体长0.40 ～ 0.45毫米，宽0.20 ～ 0.25毫米，体色有淡黄、黄、黄绿或黄褐多种，背毛12对，肛后毛移向背面，须肢跗节的端感器缩小，长、宽约为雌螨的1/2，背感器和刺状毛的长度与雌螨相等，足Ⅰ胫节有刚毛13根，跗节有19根（图85-C）。

卵：圆球形，黄白色或橙色，表面光滑，有光泽（图86）。

幼螨：足3对，体黄白色，体圆形（图87）。

图85　山楂叶螨成螨

A.冬型雌成螨　B.夏型雌成螨　C.雄成螨

图86　山楂叶螨卵

图87　山楂叶螨幼螨

若螨：足4对，体淡绿色，体背出现刚毛，两侧有深绿色斑纹，老熟若螨体色发红。

发生特点

发生代数	在北方1年发生5 ～ 10代
越冬方式	以受精雌成螨在主干、主枝和侧枝的翘皮、裂缝、根颈周围土缝、落叶及杂草根部越冬，也有部分在落叶、枯草或石块下越冬
发生规律	翌年樱桃果树萌芽时开始出蛰上树，先在树冠内膛芽上取食，以后逐渐向外堂扩散，有吐丝拉网习性。越冬雌成螨取食8 ～ 10天后开始产卵，不同区域产卵高峰期不同，9 ～ 10月开始出现受精雌成螨越冬，天气温暖干燥有利于种群数量增加，相反雨季会使种群数量自然降低

防治适期 叶片有螨率达5%时。

防治措施

（1）**农业防治** 加强树木休眠季节的修剪、刮皮管理，减少越冬虫口基数。

（2）**生物防治** 一是保护或释放天敌进行控制，天敌主要种类有瓢虫类、花蝽类和捕食螨类等，改善果园环境，在果树行间保持自然生草并及时割草，为天敌提供栖息场所，也可人工释放捕食螨进行控制；二是发现螨虫为害叶片时，可使用阿维菌素等生物农药喷雾防控。

（3）**化学防治** 发生严重时，喷施24%螺螨酯悬浮剂3 000倍液、99%SK矿物油乳油150倍液。

光肩星天牛

我国分布极为广泛，辽宁、河北、北京、天津、内蒙古、宁夏、陕西、甘肃、河南、山西、山东、江苏、安徽、江西、湖北、湖南、四川、上海、浙江、福建、广东、广西、云南、贵州等均有发生。

分类地位 光肩星天牛[*Anoplophora chinensis* (Forster)]又名柳星天牛、白星天牛，俗名老牛、花牛，幼虫又称凿木虫，属鞘翅目天牛科。

为害特点 主要以幼虫蛀食枝干为害，有时可在树干下见成堆虫粪。蛀食枝干破坏了树体养分和水分的输送，致使树势衰退，重者整株枯死。此外，成虫还可咬食嫩枝皮层，形成枯梢，也食叶呈缺刻状（图88）。

图88　光肩星天牛为害状
A.枝梢　B、C.幼虫蛀干为害

形态特征

成虫：体长26 ~ 39毫米，宽6 ~ 14毫米，全体漆黑色有光泽，具小白斑。前胸背板中瘤明显，侧刺突粗壮。鞘翅基部密布颗粒，鞘翅表面散布有许多由白色细绒毛组成的斑点，不规则排列，触角自第三节后节基半部被灰白色细绒毛，呈淡色毛环，雄虫触角倍长于体长，雌虫稍长于体长。复眼黑褐色，翅面上具较小的白色绒毛斑，一般15 ~ 20个，隐约排列成不整齐的5横列（图89）。

图89　光肩星天牛

卵：长5 ～ 6毫米，长椭圆形，乳白色，孵化前黄褐色。

幼虫：淡黄白色，长45 ～ 67毫米。前胸背板前方左右各有一黄褐色飞鸟形斑纹，后方有1块黄褐色“凸”字形人斑纹（图84-B、C）。

蛹：长28 ～ 33毫米，乳白色，羽化前黑褐色，触角细长并向腹中线强卷曲。

发生特点

发生代数	1年发生1代
越冬方式	以幼虫在树干基部或主根内越冬
发生规律	成虫在4 ～ 5月开始出现活动，5 ～ 6月为活动盛期，5月至8月上旬产卵，产卵盛期在5月下旬至6月中旬，幼虫始见期在6月上旬，6 ～ 7月为幼虫孵化期
生活习性	成虫羽化后咬破羽化孔处的树皮爬出，喜在树冠处咬食嫩枝皮层和取食叶片，飞翔能力不强，一般飞行不超过20米，喜在晴天上午和傍晚活动，交尾、产卵选择在黄昏，成虫寿命在30 ～ 60天，交尾后约15天产卵，多产在较粗的树干基部，一般以距地面3.5 ～ 5.0厘米处最多，少数在20 ～ 30厘米处，产卵处皮层隆起裂开，外观呈倒T形或L形伤口，表面湿润。初孵幼虫在树干皮下向下蛀食，呈狭长沟状，达地平线以下，才向树干基部周围扩展迂回蛀食，常因数头幼虫环绕树干皮下蛀食成圈，可使整株枯死。蛀道长10 ～ 15厘米，虫道的上部为蛹室占5 ～ 6厘米，其出口为羽化孔，下部为蛀入的通路，其入口为蛀入孔。蛀入木质部后咬碎的木质及粪便，部分阻塞孔内，部分推出孔外。排出物堆积在树干基部周围。幼虫通常于11 ～ 12月开始越冬，翌年春化蛹

防治适期 卵及初孵幼虫期。

防治措施

（1）**农业防治** 主要采取人工捕杀，一是在树干基部发现有产卵裂口和流出泡沫状胶质时，用刮刀刮除树皮下卵粒和初孵幼虫，并用石硫合剂或波尔多液涂抹消毒。如在树干基部发现有虫粪，即用铁丝，钩杀蛀入木质部内的幼虫；二是在5 ～ 6月成虫活动盛期，晴天中午在枝梢及枝叶茂密处或傍晚在树干基部，伺机捕捉成虫。

（2）**化学防治** 一是毒杀幼虫，在树干基部发现有虫粪后，用80%敌敌畏乳油5 ～ 10倍液，沾棉球塞入虫孔，并用湿泥封堵，毒杀幼虫；二是产卵期，用20%辛·阿维菌素乳油等药剂涂抹在树干基部，可杀灭在树皮蛀食的低龄幼虫。

桃红颈天牛

桃红颈天牛

桃红颈天牛主要为害核果类作物，除为害樱桃外，还能为害桃、杏、梅、柳、杨、栎、柿、核桃、花椒等作物。我国四川、重庆、云南、贵州、河南、河北、天津、内蒙古、辽宁、甘肃、湖南、湖北、陕西、福建、江苏、浙江、山东、安徽、上海、广东、广西、海南等地均有报道发生。

分类地位 桃红颈天牛（*Aromia bungii* Faldermann），属鞘翅目天牛科。

为害特点 主要以幼虫蛀食植株枝干为害，幼虫在树干内由上向下蛀食植株木质部，蛀道呈弯曲状，且内充塞木屑与红褐色虫粪（图90）。植株韧皮部和木质部受损后，养分和水分输送受阻，植株树势急剧衰弱，叶片发黄，枝条干枯，蛀孔外堆积大量木屑状虫粪，严重时枯死，同时伤口易引起流胶病和多种枝干病害。

图90　红颈天牛蛀食枝干为害状

形态特征

成虫：体长28 ~ 37毫米，宽8 ~ 10毫米，体漆黑有光泽，前胸背板红色或黑色，头部背方复眼间有深沟，触角丝状，蓝紫色，比身体长，柄节有凹沟，前胸背板有4个突起，侧刺突发达，雌虫前胸腹面前方具横皱脊，雄虫则具有刻点而无皱脊，小盾片三角形，鞘翅基部较前胸宽，表面光滑。

卵：乳白色，长椭圆形，长6 ~ 7毫米。

幼虫：老熟幼虫乳白色至黄白色，体长40 ~ 50毫米，前胸背板前半部横列4个黄褐色斑块，背面的2个呈横长方形，前缘中央有凹缺（图91）。

图91 红颈天牛幼虫

蛹：长26 ~ 35毫米，初为乳白色，后渐变为黄褐色，近羽化时变成黑褐色，前胸两侧和前缘中央各有一刺突。

发生特点

发生代数	一般2 ~ 3年发生1代
越冬方式	以幼龄幼虫第一年和老熟幼虫第二年在树干蛀道内2次越冬
发生规律	在华北地区，该虫3年完成1代，第一年以幼龄幼虫在木栓层或皮层蛀道内越冬，第二年以中龄幼虫在木质部或木质部与韧皮部之间蛀道内越冬，第三年以老熟幼虫在木质部蛀道内越冬，成虫于5 ~ 8月出现，各地成虫出现期从南至北依次推迟
生活习性	卵多产于树势衰弱枝干树皮缝隙中，多为离地表1.2米以内的主干、主枝表皮裂缝处，卵经6 ~ 11天即孵化为幼虫，幼虫孵出后先在树皮下蛀食腐烂组织，后向下蛀食韧皮部，以幼龄幼虫第一年和老熟幼虫第二年在树干蛀道内2次越冬，翌年春天幼虫恢复活动后，继续向下由皮层逐渐蛀食至木质部表层，初期形成短浅的椭圆形蛀道，蛀道扁平，边界弯曲不整齐，充满虫粪，部分粪屑从蛀入孔和树皮裂缝中挤出。6月以后由蛀道中部蛀入木质部，先朝髓部蛀食，然后转向，沿木质部向上或向下蛀食，形成弯曲的椭圆形蛀道，长15 ~ 36厘米，最长可达75厘米，木质部内的幼虫直接将粪便排在蛀道内，当蛀道被堵塞时，才将其推至洞外，蛀孔外和树干基部地面上常堆积大量红褐色锯末状虫粪及木屑。幼虫近老熟时，沿木质部蛀道爬出，在蛀入孔附近的韧皮层咬一羽化孔，但不咬破表皮，然后返回原蛀道。老熟幼虫用分泌物和木屑将蛀道末端堵塞，做成长4 ~ 5厘米的蛹室，调头反转，越冬，幼虫共5龄，蛀食危害长达16个月。翌年平均气温达到 18 ℃时蜕皮化蛹，蛹期21 ~ 23天

（续）

生活习性	成虫羽化后，先在蛀道内停留，待鞘翅变硬后，咬穿蛹室一端的木屑纤维质堵层，从羽化孔钻出。不同区域成虫出现时间略有不同，在华北区域，成虫出现时间约在7月上旬至8月中旬，飞行能力差，常栖息在枝条上，遇惊扰，雌虫迅即飞逃，雄虫多走避或坠地。成虫羽化2 ～ 3天即可交尾，可多次交尾，雌虫交尾后2 ～ 9天开始产卵。卵多产于枝干树皮缝隙中或伤口处，以距地面25厘米以内的树干基部最多，少数产在距地面约2米的较大侧枝上，产卵后成虫即死亡

防治适期 卵及初孵幼虫期。

防治措施

（1）**农业防治** 一是加强果园管理，适当稀植，通风透光，增施有机肥，科学施用氮、磷、钾肥，合理疏花、疏果，减少树体损伤，增强树势，以提高树体抗虫能力。二是刮除高龄树的粗糙树皮及翘皮，保持枝干光洁，防止树皮裂缝，阻止桃红颈天牛产卵，及时清除枯死枝，砍伐虫口密度大、已失去结果能力的衰老树以及受害严重不能恢复的或已死亡的树木，并烧毁，以减少虫源。三是人工捕杀：①捕杀成虫。利用成虫午间静栖在枝干上的习性，特别是雨后晴天时，人工捕捉成虫。②刮除卵。在成虫产卵期，检查树体，发现树皮裂缝处的产卵痕迹时，用刀等利器刮除虫卵。③低龄幼虫在韧皮部危害，尚未蛀入木质部时，在树干及大枝上寻找细小的红褐色虫粪，发现新鲜虫粪后，用刀撬开排粪孔周围皮层，将幼虫杀死。

（2）**物理防治** 一是诱杀成虫，利用成虫对糖醋液的趋性诱杀成虫，在成虫期，用糖、酒、醋按1.0 ∶ 0.5 ∶ 1.5的比例配制成诱液，悬挂在果树上距地面约1米高处，诱杀成虫；二是树干包扎，在成虫出洞前，用塑料膜包扎树干和主枝基部，可有效防止成虫产卵。三是钩杀幼虫，蛀入木质部内的幼虫，排出的虫粪夹杂白色木屑，先掏出虫粪，用带钩针状的钢丝，从排粪孔沿蛀道插入，并反复抽动，将幼虫刺死。四是树干涂白。成虫发生前，将树干和大枝涂白，可防止成虫产卵。

（3）**生物防治** 一是利用肿腿蜂寄生幼虫和蛹，达到防治的目的；二是利用病原线虫寄生天牛，如斯氏线虫属；三是利用生物农药，例如白僵菌等。

（4）**化学防治** 卵及初孵幼虫期在树体上喷布适宜浓度的菊酯类或新烟碱类杀虫剂，或将杀虫剂与土混合涂干，可杀死卵和刚孵化而未蛀入枝干的幼虫；大龄幼虫期用80%敌敌畏乳油100倍液或40%乐果乳油5 ～ 10倍液，用棉球蘸药剂塞入虫孔，并用湿泥封堵，毒杀幼虫。

铜绿丽金龟

成虫体背铜绿具金属光泽，故名铜绿丽金龟，除为害樱桃外，还能为害苹果、山楂、海棠、梨、杏、桃、李、梅、柿、核桃等多种植物。

分类地位 铜绿丽金龟（*Anomala corpulenta* Motschulsky.），属鞘翅目丽金龟科。

为害特点 铜绿丽金龟成虫为害樱桃叶片，吃成缺刻或孔洞，影响光合作用，还可为害樱桃果实（图92）。幼虫（蛴螬）长期生活在浅土层中，啃食为害幼树颈部皮层和幼根，影响根部吸取水分和养分，被害樱桃树生长受阻，严重影响树势和果实产量。

图92 铜绿丽金龟成虫为害樱桃果实

形态特征

成虫：体长15.0 ~ 22.0毫米，宽8.3 ~ 12.0毫米，长卵圆形，背腹扁圆，体背铜绿具金属光泽，头、前胸背板、小盾片色较深，鞘翅色较浅，腹面乳白、乳黄或黄褐色。头、前胸、鞘翅密布刻点。小盾片半圆，鞘翅背面具2条纵隆线，缝肋显，唇基短阔梯形。前线上卷。触角鳃叶状9节，黄褐色。前足胫节外缘具2个齿，内侧具内缘距。胸下密被绒毛，腹部每腹板具毛1排。前、中足爪一个分叉、一个不分叉，后足爪不分叉（图93）。

图93 铜绿丽金龟成虫

卵：初产时椭圆形，长1.65 ~ 1.93毫米，宽1.30 ~ 1.45毫米，乳白色，孵化前呈圆球形，长2.4～2.6毫米，宽2.1～2.3毫米，卵壳表面光滑（图94）。

幼虫：金龟子幼虫统称为蛴螬，是重要的地下害虫。铜绿丽金龟三龄幼虫体长30～33毫米，头宽4.9～5.3毫米，头长3.5～3.8毫米，老熟幼虫体长30～35毫米，头宽约5毫米，乳白色，头黄褐色近圆形，头部前顶刚毛每侧6～8根，排成一纵列。额中侧毛每侧2～4根。臂节腹面覆毛区刺毛列由长针状刺毛组成，每侧多为15～18根，两列刺毛尖端大多彼此相遇或交叉，刺毛列的前端远没有达到钩状刚毛群的前部边缘（图95）。

蛹：椭圆形，长约20毫米，宽约10毫米，裸蛹，土黄色。

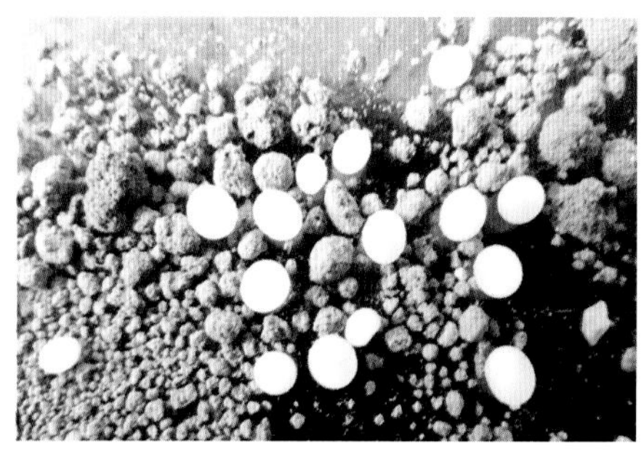

图94　铜绿丽金龟卵

图95　铜绿丽金龟幼虫

发生特点

发生代数	1年发生1代
越冬方式	以三龄幼虫在地下越冬，也有少数以二龄幼虫开始地下越冬
发生规律	翌年春季气温回升解除滞育，5月下旬至6月上中旬在15～20厘米的土层中化蛹，6月中下旬至7月末是成虫发生为害盛期。少数以二龄幼虫、多数以三龄幼虫越冬
生活习性	各地生活习性略有不同，但具体差异并不大。翌年春季，随着气温回升越冬幼虫开始活动，5月中旬前后取食为害一段时间后成为老熟幼虫做土室化蛹，预蛹期约12天。6月初成虫开始出土，7月以后虫量逐渐减少，成虫为害期约40天。成虫多在傍晚进行交配产卵，晚间至凌晨为害，凌晨3:00～4:00飞离果园重新到土中潜伏。成虫喜欢栖息在疏松、潮湿的土壤中，潜入深度一般为7～10厘米。成虫有较强的趋光性和假死性，风雨天或低温时常栖息在植株上不动。成虫活动最适温度25℃，相对湿度70%～80%，夜晚闷热无雨活动最盛。成虫于6月中旬产卵，雌虫每次产卵20～30粒，7月间出现新一代幼虫，取食寄主植物的根部，10月中上旬幼虫在土中开始下迁越冬

防治适期 成虫盛发期诱杀。

防治措施

（1）**农业防治** 在冬季翻耕果园土壤，可杀死土中的幼虫和成虫。

（2）**物理防治** 利用成虫趋光性，设置黑光灯或频振式杀虫灯在夜间诱杀，可利用其假死性，在清晨或傍晚振动树枝捕杀成虫。

（3）**生物防治** 可选用150亿/克球孢白僵菌可湿性粉剂800倍液进行防治。

（4）**化学防治** 成虫防治用48%毒死蜱乳油800 ～ 1 600倍液或2.5%溴氰菊酯乳油1 500倍液喷雾。成虫出土前，地面撒施5%毒死蜱颗粒剂或5%辛硫磷颗粒剂拌土撒施。幼虫防治利用毒土法，选用5%毒死蜱颗粒剂或5%辛硫磷颗粒剂，也可用48%毒死蜱乳油1 000倍液灌根。

黑绒鳃金龟

黑绒鳃金龟寄主多而杂，据报道为害的植物包括果树、蔬菜、禾谷类植物、多种药材、杂草等，达45科116属149种。在我国主要分布在东北、内蒙古、甘肃、河北、山西、山东、河南、宁夏、安徽、湖北、江苏、江西、台湾等地。

分类地位 黑绒鳃金龟（*Serica orientalis* Motschulsky）又名天鹅绒金龟子、东方金龟子、黑绒金龟，属鞘翅目鳃金龟科。

为害特点 其成虫为害叶子和花序，叶片受害后形成缺刻或孔洞，影响光合作用。化蛹前幼虫（蛴螬）长期生活在浅土层中，啃食为害幼树颈部皮层和幼根，影响根部吸取水分和养分，被害樱桃树生长受阻，严重影响树势和果实产量。

形态特征

成虫：体长6 ～ 9毫米，长卵圆形，黑褐色或棕褐色，密被短黑绒毛，具丝绒感，每个鞘翅上有9条刻点沟，腹部各节腹板有1排毛，臀板宽大，三角形，上密布刻点，前足胫节外缘2齿（图96）。

幼虫：体长15毫米左右，头部前顶每侧有刚毛1根，每侧额中侧毛1根，肛腹片后部满布尖端稍弯的刺状刚毛，毛群前缘呈双峰状，裸露区域呈楔状指向尾端，将覆毛区分开，在覆毛区的后缘有呈弧状排列的刺毛，

16～22根（图97）。

卵：长约1.5毫米，椭圆形，乳白色。

蛹：裸蛹，长约8毫米，初为黄白色，后渐变黄褐色。

图96　黑绒鳃金龟成虫

图97　黑绒鳃金龟幼虫

发生特点

发生代数	在华北、西北1年发生1代
越冬方式	以成虫越冬
发生规律	翌年4月中旬成虫出土活动，具雨后出土习性，5月初至6月上旬为成虫活动盛期，卵多产于10～20厘米表土中，8月至10月上旬幼虫老熟化蛹，8月中下旬开始进入羽化期，羽化后的成虫在原土室中越冬
生活习性	成虫具有假死性、趋光性、趋粪性和喜湿性，在取食方面喜食果树芽、嫩叶、花瓣及叶，并在其上交尾，白天潜伏在土中，黄昏后出土进行取食、交尾活动，初孵幼虫以植株须根和腐殖质为食，幼虫期约75天

防治适期 成虫盛发期诱杀。

防治措施 参照铜绿丽金龟。

金缘吉丁虫

金缘吉丁虫除为害樱桃外，还能为害梨、桃、苹果、杏、山楂等作物。

分类地位 金缘吉丁虫（*Lampra limbata* Geble），属鞘翅目吉丁虫科。

为害特点 主要为害枝干，以幼虫蛀入枝干为害（图98），从树皮蛀入，后深入木质部，被害枝干蛀道被虫粪塞满，幼树受虫害部位树皮凹陷变黑，大树虫道外表皮不显症状，但由于树体输导组织被破坏，树势衰弱，枝条枯死。

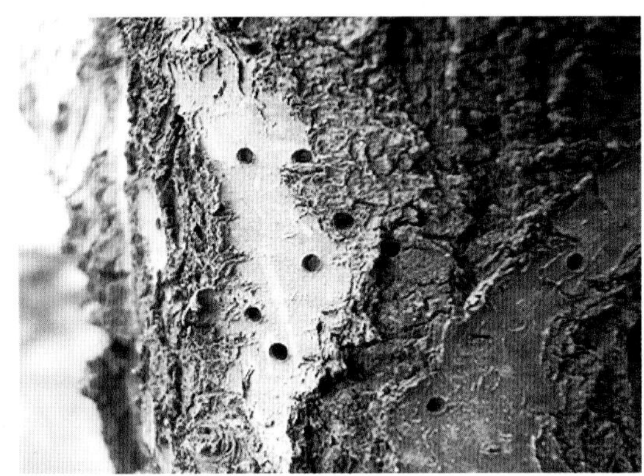

图98 枝干被害状

形态特征

成虫：体略呈纺锤形，翠绿色，是具有金属光泽的一种甲虫，体长13～16毫米，宽5～7毫米，触角细小，锯齿状，11节，基节翠绿色，其余各节黑色，复眼黑色，前胸背板上有5条蓝黑色条纹，中央1条较明显，延伸至头顶部，翅鞘上具蓝黑色点刻14条，前胸背板两侧及鞘翅的外缘和前缘，具有1条宽大紫红色条纹，腹面金绿色，具红铜色反光（图99）。

卵：长约2毫米，扁椭圆形，初产时为乳白色，后变为黄褐色。

幼虫：老熟后长约30毫米，由乳白色变为黄白色，头小，黄褐色，口器黑，足退化，前胸膨大，全体扁平，前胸第一节扁平肥大，上有黄褐色“人”字纹，腹部逐渐细长，节间凹进（图100）。

蛹：长15 ～ 20毫米，体色乳白色至淡绿色。

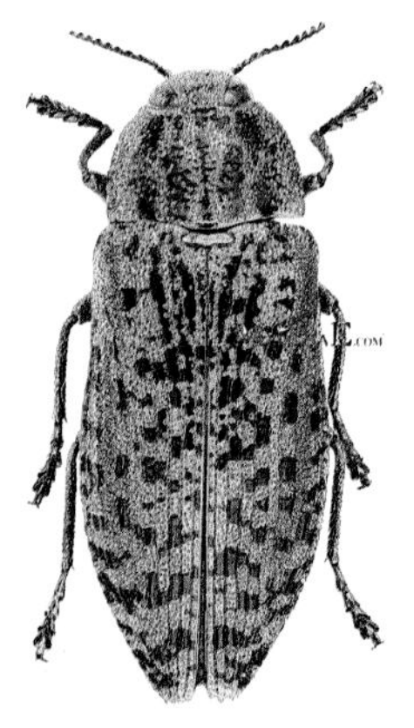

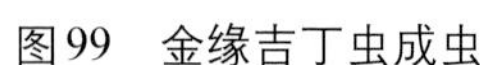
图99　金缘吉丁虫成虫

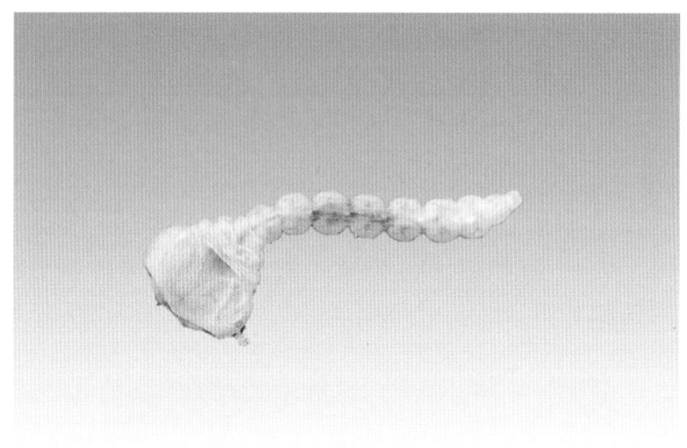
图100　金缘吉丁虫幼虫

发生特点

发生代数	大部分地区1年发生1代，少部分地区2年1代
越冬方式	以大龄幼虫在皮层越冬
发生规律	翌年早春越冬幼虫继续在皮层内串食危害，4月下旬开始进入羽化期，5月下旬为羽化盛期，羽化后的成虫经过10 ～ 20天后开始交尾，6月开始产卵，卵期一般为7 ～ 9天，6月上旬开始孵化，幼虫孵化后即开始取食，至8月中旬陆续进入木质部或在木质部与皮层间造蛹室越冬。两年1代的第一年以幼龄幼虫在皮下越冬，翌年3月开始活动取食，至7月底陆续进入木质部越冬
生活习性	成虫羽化时，咬成椭圆形的羽化孔爬出来，羽化与降雨关系更为密切，同时成虫具假死性，受振坠地，但假死时间不长。早晨或傍晚在向阳面停歇，取食叶，将叶子边缘食成缺口。产卵于树干或大枝粗皮裂缝中，以阳面居多，卵期10 ～ 15天。幼虫孵化后，直接蛀入树皮浅处取食表皮，逐渐蛀入木质部，横向蛀食，至蛀食1周时，枝干即枯死

防治适期 卵及初孵幼虫期。

防治措施

（1）**农业防治**　冬季人工刮除树皮，消灭越冬幼虫，及时清除死树、死枝，减少虫源，成虫期利用其假死性，于清晨振树捕杀。

（2）**化学防治** 成虫羽化出洞前用药剂封闭树干，从5月上旬成虫即将出洞时开始，每隔10 ～ 15天用90%晶体敌百虫600倍液或48%毒死蜱乳油800倍液喷施主干和树枝。

樟蚕

樟蚕在我国主要分布在广西、广东、河北、贵州、江西、福建等地，除为害樱桃外，也为害樟、枫香、野蔷薇、番石榴、梨、板栗等。

分类地位 樟蚕[*Eriogyna (Saturnia) pyretoum* Westwoo]，属鳞翅目大蚕蛾科。

为害特点 以幼虫啃食叶片（图101），严重时可将叶片吃光，影响树木生长。

图101 樟蚕幼虫啃食叶片

形态特征

成虫：雌蛾成虫体长32 ～ 35毫米，翅展100 ～ 115毫米，雄蛾略小。体翅灰褐色，前翅基部暗褐色，外侧为一褐条纹，条纹内缘略呈紫红色；前后翅中央有一眼状纹，椭圆形，近翅基方向一头稍大，前翅眼纹外环带蓝黑色，宽2 ～ 3毫米，近翅基部方向中环处有不甚明晰之半圆纹，中环宽1.5毫米，土黄色，内层为褐灰色圆斑，直径约3.5毫米，圆斑中央有1个新月形白色斑，前翅顶角外侧有紫红色纹2条，内侧有黑短纹2条。内横线棕黑色，外横线棕色双锯齿形。腹、背面密被灰白色绒毛，尾部密被蓝褐色鳞毛。雄虫体长约25毫米，翅展88毫米。体色较雌虫稍深，斑纹与雌虫基本一致，眼纹较雌虫偏小，后翅眼纹内新月形斑不清楚。

卵：椭圆形，乳白色，初产卵呈浅灰色，长径2毫米左右，卵块表面覆有黑褐色绒毛。

幼虫：初孵幼虫全体黑色，一龄体表有稀疏毛；二至四龄幼虫体背呈现枝刺，枝刺尖端长毛；五龄后幼虫体征基本固定，体长74 ～ 92毫米，头黄色，复眼1对，体12节，每节背部至腹侧都长有6个枝刺，高1 ～ 3毫米，端部有5 ～ 8根放射状毛，背线呈明显黑色，侧线黑色，似系列黑点排列形成。胴部青黄色，被白毛，各节亚背线、气门上线及气门下线处，生有瘤状突起，瘤上具黄白色及黄褐色刺毛。腹足外侧有横列黑纹，臀足外侧有明显的黑色斑块（图101）。

蛹：蛹纺锤形，长31 ～ 36毫米，初始为乳白色，之后逐步变黄色至黄褐色，最后至黑褐色，外被棕色厚茧。

茧：丝茧，淡黄褐色或褐色，纺锤形，长48 ～ 56毫米，近蛹头部一端留有1个隐蔽的羽化孔，由结构相对疏松的丝掩盖。

发生特点

发生代数	1年发生1代
越冬方式	以蛹在枝干、树皮缝隙等处的茧内越冬
发生规律	羽化成虫于3月底至4月出现，成虫一般羽化后1 ～ 3天完成交尾，交尾后1 ～ 3天产卵，4月中旬幼虫开始出现，7月上旬老熟幼虫开始结茧，一般7月下旬老熟幼虫全部完成结茧，至翌年3月为蛹期
生活习性	成虫多在傍晚或清晨羽化，羽化时身体湿润，用翅包裹信胸、腹部，在阴凉的环境下1 ～ 2小时，直至水分蒸发翅才能抖动舒张、变硬，最后飞翔完成整个羽化过程，若遇强光、高温则迅速脱水，导致虫体畸形，严重时不能完成羽化过程直至死亡。完成羽化过程的成虫昼伏夜出，白天通常栖息于隐蔽的枝叶或灌木与杂草丛中，傍晚开始飞出活动，对白炽灯、火光等光源有较强的趋光性，雄虫较雌虫飞翔能力强

防治适期

孵化盛期至低龄幼虫期。

防治措施

（1）**农业防治**　利用该虫蛹期长、结茧集中的特点，人工摘除茧，集中烧毁，减少越冬虫源。

（2）**物理防治**　利用成虫的强趋光性，在成虫羽化盛期，用频振式杀虫灯诱杀。

（3）**生物防治**　使用生物药剂防治，在低龄幼虫期可选用100亿/毫升短稳杆菌悬浮剂600倍液、400亿孢子/克球孢白僵菌可湿性粉剂（25 ～ 30克/亩）、100亿PIB/克斜纹夜蛾核型多角体病毒悬浮剂（60 ～ 80毫升/亩）等生物农药。

（4）**化学防治** 在低龄幼虫期可选用25%甲维·茚虫威水分散粒剂3 750倍液、80%杀单·氟酰胺可湿性粉剂600倍、1%甲维盐乳油1 000倍等。

苹小卷叶蛾

分类地位 苹小卷叶蛾（*Adoxophyes orana* Fisher von Roslerstamm），属鳞翅目卷蛾科。

为害特点 以幼虫为害果树的幼芽、幼叶和嫩梢，小幼虫常将嫩叶边缘卷曲，以后吐丝缀合嫩叶；大龄幼虫常将2 ~ 3张叶片平贴，将叶片食成孔洞或缺刻（图102）。展枝后幼虫吐丝缀叶成“虫包”，幼虫在“虫包”里取食不动，给防治增加了困难。幼虫老熟后从被害叶片内爬出重新找叶，卷起居内化蛹。

图102 苹小卷叶蛾幼虫将叶片食成缺刻

形态特征

成虫：黄褐色，静止时呈钟罩形。触角丝状，前翅略呈长方形，翅面上常有数条暗褐色细横纹；后翅微灰淡黄褐色。腹部淡黄褐色，背面色暗（图103）。

卵：体呈黄褐色，从腹部第二至第七节，背面各有2个刺状突起（图104）。

图103 苹小卷叶蛾

幼虫：细长翠绿色，头小淡黄白色，单眼区上方有1个棕褐色斑。前胸盾和臀板与体色相似或淡黄色。蛹较细长，初绿色后变黄褐色（图105）。

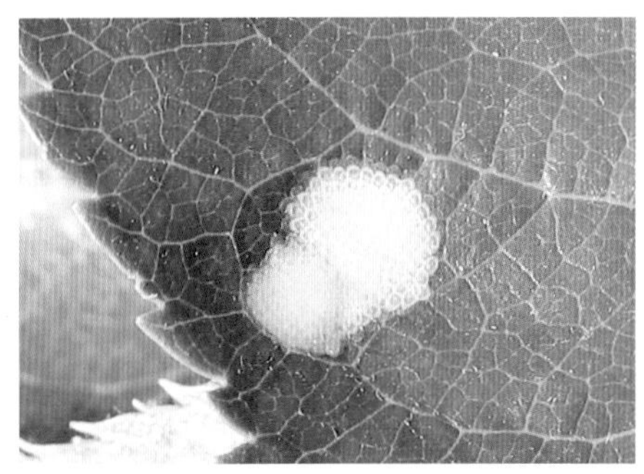

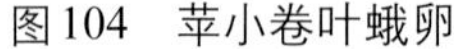
图104　苹小卷叶蛾卵

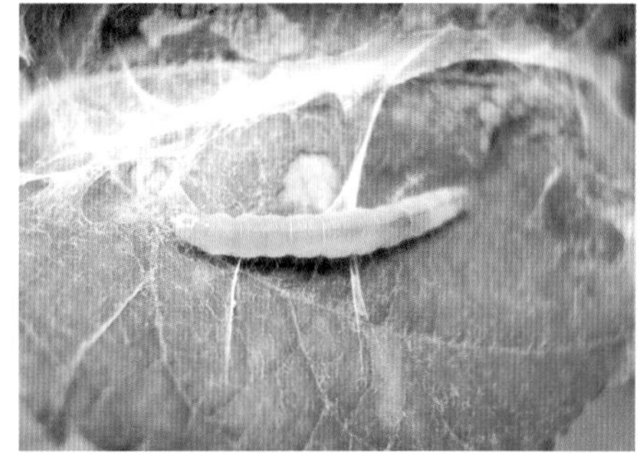

图105　苹小卷叶蛾幼虫将叶片食成缺刻

蛹：扁平椭圆形，淡黄色半透明，卵块多由数十粒卵排成鱼鳞状，孵化前黑褐色。

发生特点

发生代数	1年发生3～4代
越冬方式	以幼虫在粗翘皮下、老叶上中结白色薄茧越冬
发生规律	翌年气温回升后新梢抽发时出蛰，并吐丝缠结嫩叶为害，5月上中旬出现越冬代成虫，6月上中旬为一代幼虫发生盛期，为害也为全年最重期。成虫羽化后2～3天产卵，多产在叶面，卵期6～10天
生活习性	成虫有趋光性和趋化性，常昼伏夜出，幼虫活泼，遇震动或惊吓时随之钻出吐丝下垂脱逃，幼虫老熟后在卷叶内或叶果缀连处化蛹，该虫有多次转移为害习性，当“虫包”受害严重食料不足时，便转移到新的嫩梢嫩叶重新卷叶危害。冬天气候温暖，翌年气温回升快，春季雨水多，湿度大有利于该虫害的发生

防治适期　孵化盛期至低龄幼虫期。

防治措施

（1）**农业防治**　冬季清园，扫除落叶，铲除园边杂草，集中烧毁，减少翌年的发生量；春夏季摘“虫包”、剪虫叶、灭卵块，压低虫源基数。

（2）**物理防治**　使用频振式杀虫灯、黑光灯进行成虫诱杀。

（3）**生物防治**　一是保护利用螳螂、瓢虫、草蛉、蜘蛛等有益天敌，利用生物天敌防控；二是在卵孵高峰期选用1.8%阿维菌素乳油（40～80毫升/亩）进行防治。

（4）**药剂防治**　在低龄幼虫盛发期，选用1%甲氨基阿维菌素苯甲酸盐乳油1 000倍液或90%晶体敌百虫1 000倍液或25%灭幼脲3号1 500倍液喷雾防治。

古毒蛾

古毒蛾在我国分布广泛，山西、河北、内蒙古、辽宁、吉林、黑龙江、山东、河南、西藏、甘肃、宁夏等地均有发生。寄主复杂，除为害樱桃外，也能为害月季、蔷薇、杨、槭、柳、山楂、苹果、梨、李、栎、桦、桤木、榛、鹅耳枥、石杉、松、落叶松等。

分类地位 古毒蛾[*Orgyia antiqua* (Linnaeus)]，属鳞翅目毒蛾科。

为害特点 主要以幼虫为害芽、叶。幼虫孵化后群集在叶片背面啃食为害，二龄后开始分散为害，叶片受害后常成缺刻状或造成孔洞。发生严重时，樱桃嫩叶被取食完，仅留叶脉，并吐丝悬挂借风力传播扩散。

形态特征

成虫：雄虫翅展26 ～ 34毫米，雄蛾锈褐色或古铜色，两线前部呈锯齿单线状，后部呈双线弧状，外线后部外侧有1块弯月形白斑，后翅深橙褐色，缘毛较粗，暗褐色。雌蛾灰色，体表有灰色和淡黄色的鳞毛。

卵：球形，白色，但中心及边缘暗色。

幼虫：老熟幼虫体长30 ～ 35毫米，体背刷状毛簇颜色为黄白色或茶褐色，第一节和第二节有黑刚毛，第四、五节侧方簇生丛（图106）。

图106　古毒蛾幼虫

蛹：体长为12 ~ 16毫米，纺锤形，初期黄白色，后变深灰色至黑色，蛹背隐约可见4丛毛刷。

发生特点

发生代数	1年2代
越冬方式	以幼虫在老叶、皮缝中、粗翘皮下和树干基部附近的落叶中越冬
发生规律	越冬幼虫于3月上旬开始结茧化蛹，蛹期15天左右，越冬代成虫6 ~ 7月发生，雌蛾产卵于茧外或附近的植物上，每雌蛾可产卵数百粒，第一代幼虫6月下旬始见，第一代成虫8月中旬至9月中旬发生。第二代幼虫8月下旬开始发生，危害到二至三龄，从9月中旬前后开始陆续进入越冬状态
生活习性	初孵幼虫群栖于寄主植物上为害，后再分散，为害严重时能将叶片食尽

防治适期 孵化盛期至低龄幼虫期。

防治措施

（1）**农业防治** 冬季清园，剪除卵块，集中烧毁。

（2）**物理防治** 应用频振式杀虫灯诱杀成虫。

（3）**生物防治** 一是保护和利用赤眼蜂等寄生性天敌；二是使用生物药剂进行防控，在低龄幼虫期可选用100亿/毫升短稳杆菌悬浮剂500 ~ 600倍液、400亿孢子/克球孢白僵菌可湿性粉剂（25 ~ 30克/亩）、100亿PIB/克斜纹夜蛾核型多角体病毒悬浮剂（60 ~ 80毫升/亩）等生物农药。

（4）**化学防治** 在低龄幼虫盛发期可选用10%阿维·氟酰胺悬浮剂1 500倍液、1%甲氨基阿维菌素苯甲酸盐乳油1 000倍液等化学农药进行防治。

双线盗毒蛾

双线盗毒蛾广泛分布于广西、广东、福建、台湾、海南、贵州、云南和四川等省区。寄主植物除为害樱桃外，还为害荔枝、杧果、柑橘、梨、桃、玉米、棉花、豆类等。

分类地位 双线盗毒蛾[*Porthesia scintillans*（Walker）]，属鳞翅目毒蛾科。

为害特点 以幼虫为害樱桃叶、花穗、果实（图107），主要以啃食叶片为主，严重时，叶片全部啃食光，导致植株长势衰弱甚至死亡。

图107 双线盗毒蛾幼虫为害状

形态特征

成虫：雄虫体长8.0 ~ 11.0毫米，翅展20.0 ~ 27.0毫米，雌虫体长9.0 ~ 12.3毫米，翅展25.0 ~ 37.3毫米，触角黄白至浅黄色，栉齿黄褐色，下唇须橙黄色，复眼黑色，较大多头部和颈板橙黄色，胸部浅黄棕色多腹部黄褐色，肛毛簇橙黄色，雌性腹部呈长筒形，雄性腹末尖，肛毛簇略向外扩展，体下面与足浅黄色，足上生有许多黄色长毛。前翅赤褐色，微带浅紫色，前缘、外缘和缘毛柠檬黄色，外缘和缘毛被黄褐色部分分隔成3段，后翅淡黄色。

卵：扁圆状，中央凹陷，初产卵黄色，后渐变为红褐色，表面光滑，有光泽，排列成块。

幼虫：老熟幼虫体长13.0 ~ 23.5毫米，平均19.0毫米左右，头部浅褐色，胸腹部暗棕色，前胸背面有3条黄色纵纹，侧瘤橘红色，向前突出，中胸背面有2条黄色纵纹和3条黄色横纹，后胸亚瘤橘红色，中胸和第三至第七、第九腹节背线黄色，其中央贯穿红色细线，后胸红色。腹部第一至八节Ⅰ、Ⅱ瘤黑色，上生黑褐色长毛和白色短毛刷，第一腹节Ⅱ瘤基部外侧黄色，胭部Ⅳ瘤浅红色，Ⅴ、Ⅵ瘤暗灰色，上生白色刺状刚毛，第九腹节背面有Y形黄色斑，第十腹节背面暗黑色，有4条黄色纵纹，第六、七腹节背中央有黄色的翻缩腺，气门椭圆形，浅褐色，围气门片黑色，胸足黑褐色，腹足橘黄色，外侧灰黑色，趾钩单序，半环状。

蛹：椭圆形，黑褐色。雄蛹长9.0 ~ 11.0毫米，雌蛹长11.0 ~ 13.8

毫米，前胸背面毛较多，不成簇，中胸背面有椭圆形隆起，中央有1条纵脊，纵脊两侧着生两簇长刚毛，后胸及腹部各节背面刚毛长而密，不规则。

茧：雄茧体长11.8 ~ 18.2毫米，雌茧体长16.0 ~ 23.6毫米，长椭圆形，浅棕褐色，丝质，上疏散有许多毒毛。

发生特点

发生代数	1年发生7代
越冬方式	以三龄以上幼虫在叶片上越冬
发生规律	翌年3月下旬开始结茧化蛹，4月中旬羽化
生活习性	卵成块产于嫩叶背面，初孵幼虫具有群栖性，三龄以后分散取食

防治适期 卵孵化盛期至低龄幼虫期为防治适期。

防治措施

（1）**农业防治** 结合冬季清园工作，摘除越冬幼虫。

（2）**物理防治** 使用频振式杀虫灯诱杀成虫。

（3）**生物防治** 在幼虫盛期可选用100亿/毫升短稳杆菌悬浮剂600倍液、400亿孢子/克球孢白僵菌可湿性粉剂（25 ~ 30克/亩）、100亿PIB/克斜纹夜蛾核型多角体病毒悬浮剂（60 ~ 80毫升/亩）等生物农药。

（4）**化学防治** 在幼虫暴发为害初期可选用25%灭幼脲悬浮剂4 000倍液、10%阿维·氟酰胺悬浮剂1 500倍液、1%甲氨基阿维菌素苯甲酸盐乳油1 000倍液等化学农药进行防治。

油桐尺蠖

油桐尺蠖在海南、福建、广西、广东、贵州等省区有广泛分布。

分类地位 油桐尺蠖（*Buasra suppressaria* Guenee），属鳞翅目尺蛾科。

为害特点 以幼虫啃食植株叶片为害（图108），一、二龄幼虫取食叶缘或叶尖的下表皮及叶肉，留下上表皮，被为害的叶面脱水后，呈不规则黄褐色网膜斑，三龄幼虫能吃穿叶片，形成1个个小洞，四至六龄幼虫将叶片吃成弯弓形缺刻，严重时可在短期内将叶片吃光，形似火烧，严重影响树势生长。

图108 油桐尺蠖啃食叶片

形态特征

成虫：雌成虫体长23 ~ 25毫米，翅展50 ~ 64毫米，体灰白色，触角呈丝状，雄成虫体稍小，体灰白色，触角呈羽状。前翅白色，上散生有灰黑色小斑点，有3条黄褐色波状纹，腹部与足均呈黄白色，腹部末端有1丛黄褐色的短毛。

卵：直径0.7 ~ 0.8毫米，椭圆形，初产时为蓝绿色，后变为灰褐色。

幼虫：低龄幼虫体灰褐色，三至四龄渐变为青色，背线、气门线白色。头部密生棕色小斑点，中央凹陷，两侧具角状突起。前胸背面生突起2个，腹面灰绿色。

蛹：长20 ~ 25毫米，黑褐色，头部有角状小突起2个。

发生特点

发生代数	1年发生3代
越冬方式	以蛹在土表中越冬
发生规律	翌年3 ~ 4月成虫羽化产卵，第一代幼虫发生为害期在5月中旬至6月中下旬，第二代幼虫发生为害期在7月上中旬至8月下旬，第三代幼虫发生9月下旬至11月中下旬
生活习性	低龄幼虫喜欢在叶片尖部直立，啃食叶片边缘，三龄后，幼虫习惯在分枝处呈桥状，蚕食叶片，发生重时可以啃光整个叶片。初孵幼虫有很强的趋光性，三龄以后的幼虫有负趋光性，白天多静息于枝叶间，通常在傍晚、有月光的晚上、清晨和有阴雨的白天取食，一龄幼虫依赖于风和爬行迁移，二至六龄幼虫主要靠爬行和吊丝迁移。成虫羽化后,钻出地面,急速行走一段距离或爬上树干，然后停下展翅,触角不断摆动，当遇到外界惊动时，成虫肛门喷出许多黄泥浆状液体。成虫羽化后即可交配，在交配后第二天雌蛾开始产卵，一般把卵产在行道树干的裂缝中、树皮底下、树枝的老洞孔中

防治适期 卵孵化盛期至低龄幼虫期。

防治措施

（1）**农业防治** 冬季果园深翻土壤，减少越冬虫源。

（2）**物理防治** 果园安装频振式杀虫灯，诱杀成虫。

（3）**生物防治** 一是保护利用天敌，如螳螂捕食、黄茧蜂寄生等；二是在幼虫孵化高峰期，使用生物农药进行防治，可选用100亿/毫升短稳杆菌悬浮剂600倍液、200UI/毫升苏云金杆菌悬浮剂（100 ~ 150毫升/亩）等生物农药。

（4）**化学防治** 可选用70%吡虫啉水分散粒剂3 000倍液、10%醚菊酯悬浮剂600 ~ 1 000倍液、2.5%溴氰菊酯乳油1 000 ~ 1 500倍液进行防治。

小蜻蜓尺蛾

小蜻蜓尺蛾在我国分布广泛，东北、华北地区及湖南、浙江、湖北、四川、台湾、贵州等地均有发生。

分类地位 小蜻蜓尺蛾[*Cystidia couaggaria* (Guenée)]，属鳞翅目尺蛾科。

为害特点 以幼虫啃食植株嫩芽和叶片为害，常吐丝缀合叶片，于其内取食，受害叶片枯焦，形似火烧，造成果树幼苗成株枯死，影响果树的正常生长和结果率（图109）。

图109　小蜻蜓尺蛾幼虫为害状

形态特征

成虫：雌蛾体翅均黑褐色，体长19 ~ 23毫米，翅展45 ~ 52毫米，雄蛾体长18毫米，翅展42 ~ 45 毫米，头部橙黄色，头顶及触角黑色，复眼球形紫黑色，下唇须基部黑色，尖端灰色，胸背中央黑色，两侧及翅基橙黄色；前翅基线及亚基线白色，外线区黑色有长形白斑，亚端线及端线区内有1块弯形的白斑，臀角区有1块叉形的白斑，后翅斑纹与前翅大致

相同，但在亚端线及端线区内的白斑内有高低6个尖峰，缘毛黑色，足的基节与腿切内面黄色，外面黑色。

卵：长椭圆形，卵径约0.5毫米。

幼虫：老熟幼虫体长为30 ~ 38毫米，头宽为3.1 ~ 3.5毫米。头部黑褐色，正面有1条黄褐色横条纹和2条纵条纹；胸部和腹部有黑褐色和黄褐色相间的条纹。背中线黄褐色，背线、亚背线及气门下线为黑褐色，亚背线、亚腹线和腹线为淡黄褐色。腹部第十节乳白色，中央有1个大的黑褐色斑纹，并生有2对背刚毛，前方有1对小的黑褐色斑纹，头部两侧分别有6个单眼（图102）。

蛹：长度为14 ~ 21毫米，宽度为3 ~ 5毫米，蛹体长椭圆形，呈棕红色或黑褐色。

发生特点

发生代数	1年发生1代
越冬方式	以幼虫越冬
发生规律	翌年5月上旬化蛹，5月下旬至6月下旬羽化产卵，产卵呈直线型，每头可产卵58 ~ 145粒，老熟幼虫将叶片拉拢作薄茧化蛹
生活习性	成虫飞翔能力较强，同时以幼虫和蛹态通过蔷薇科果树的苗木和景观树木的幼苗调运进行远距离传播

防治适期 卵孵化盛期至低龄幼虫期。

防治措施

（1）**农业防治** 人工摘除虫茧。

（2）**物理防治** 果园安装频振式杀虫灯，诱杀成虫。

（3）**生物防治** 一是保护利用天敌，如螳螂捕食、黄茧蜂寄生等；二是在幼虫孵化高峰期，使用生物农药进行防治，可选用100亿/毫升短稳杆菌悬浮剂600倍液、200UI/毫升苏云金杆菌悬浮剂（100 ~ 150毫升/亩）等生物农药。

（4）**化学防治** 可选用70%吡虫啉水分散粒剂3 000倍液、10%醚菊酯悬浮剂600 ~ 1 000倍液、2.5%溴氰菊酯乳油1 000 ~ 1 500倍液进行防治。

鸟害

为害特点

鸟也是为害樱桃果实的主要生物之一，主要在樱桃果实着色期啄食樱桃果肉（图110）。鸟在啄食过程中边吃边挠的机械动作，同时造成大量落地果实，造成果实减产。

图110　果实被害状

防治措施　人工驱鸟，在樱桃果实开始着色起，在果园里多置稻草人、彩旗、气球及彩带，起到恐吓及驱赶作用。

PART 3

绿色防控技术

农作物病虫害绿色防控是在有害生物综合治理(IPM)理论基础上发展而来的，主要解决单一依靠化学防治出现的问题，涵盖了生态学、经济学、社会学三大观点：一是以充分发挥自然因素（包括作物自身的耐害、补偿能力和天敌等）对害虫的控制作用；二是选择运用防治措施要因地制宜，讲求实效，节省工本，以达到最佳防治效果，取得最大的经济效益；三是所采取的措施，要考虑社会效益，最大程度地减少化学农药对环境的影响，以达到社会长期持续稳定发展的目的。可以简单地概括成在遵循“预防为主、综合防治”的植保方针上，以确保农业生产、农产品质量和农业生态环境安全为目标，以减少化学农药使用为目的，优先采取生态控制、生物防治和物理防治等环境友好型技术措施控制病虫为害的行为。

樱桃果园病虫害绿色防控将遵循“预防为主、综合防治”植保方针和“公共植保、绿色植保”的植保理念，从果园生态系统整体出发，以农业防治为基础，积极保护利用自然天敌，恶化病虫的生存条件，提高农作物抗病虫能力，在必要时科学、合理、安全地使用农药，将病虫为害损失降到经济阈值之下，同时将农产品农药残留控制在国家规定允许范围内。

植物检疫

植物检疫是国家为了防止危险性的病原物、害虫、杂草等从一个地区传播到另一个地区，制定法规，对调运的植物、植物产品进行检疫检验。植物检疫是“防”的主要手段，通过实施检疫，把好关口，保证农业生产安全，可谓检疫不严，后患无穷。

植物检疫可分为对外检疫和国内检疫两类。对外检疫又包括进口检疫和出口检疫，由国家在对外港口、国际机场以及其他国际交通要道设立专门的检疫机构，对进出口及过境物资、运载工具等进行检疫和处理，其目的主要是防止国内尚未发现或虽有发现但分布不广的有害生物随植物及其产品输入国内，以保护国内农业生产，同时也是履行国际义务，按输入国的要求，禁止危险性病、虫、杂草自国内输出，以满足对外贸易的需要，维护国际信誉。

国内检疫由各省（自治区、直辖市）农业农村厅（局）内的植物检疫机构会同交通、邮政及有关部门，根据政府公布的国内植物检疫条例和检

疫对象，执行检疫，采取措施，防止国内已有的危险性病、虫、杂草从已发生的地区蔓延扩散，甚至将其消灭在原发地。国家相继出台了《中华人民共和国植物检疫条例》《植物检疫条例实施细则》等植物检疫法规，法规规定，种子、苗木等繁殖材料和其他植物、植物产品在调运出县境时，必须经过检疫合格办理《植物检疫证书》后，才能调运（图111）。

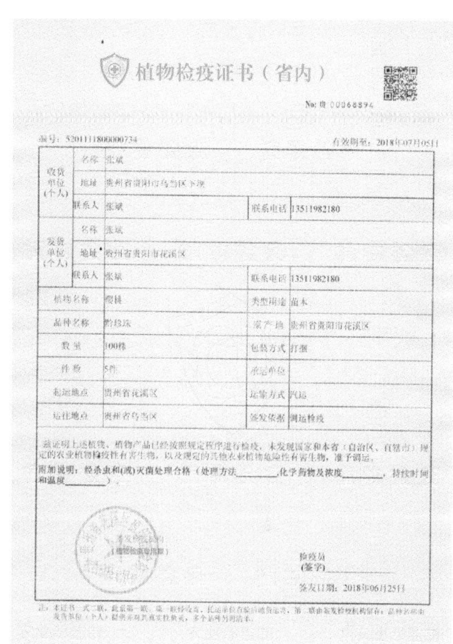

植物检疫证书（省内）

No: 贵 00068894

编号：5201111800000734　　有效期至：2018年07月05日

收货单位（个人）	名称	张斌		
	地址	贵州省贵阳市乌当区下坝		
	联系人	张斌	联系电话	13511982180
发货单位（个人）	名称	张斌		
	地址	贵州省贵阳市花溪区		
	联系人	张斌	联系电话	13511982180
植物名称		樱桃	类型用途	苗木
品种名称		黔珍珠	原产地	贵州省贵阳市花溪区
数量		100株	包装方式	打捆
件数		5件	承运单位	
起运地点		贵州省花溪区	运输方式	汽运
运往地点		贵州省乌当区	签发依据	调运检疫

兹证明上述植物、植物产品已经按照规定程序进行检疫，未发现国家和本省（自治区、直辖市）规定的农业植物检疫性有害生物，以及规定的其他农业植物危险性有害生物，准予调运。

附加说明：经杀虫和(或)灭菌处理合格（处理方法______，化学药物及浓度______，持续时间和温度______）。

检疫员（签字）______

签发日期：2018年06月25日

图111　樱桃苗木调运植物检疫证书

具体规定为：樱桃种苗繁育单位或个人必须有计划地在无植物检疫对象分布的地区建立种苗繁育基地，在调出樱桃苗木前，调出单位或个人到所在的县级植物检疫机构申请检疫，经检疫合格办理《植物检疫证书》后才能调运。

从省内县级行政区域外调进樱桃苗木的，必须经调出地检疫部门检疫合格办理《植物检疫证书》后，才能持证调运入境。如果樱桃苗木要调到省外，还要事先与省外联系，由省外植物检疫机构办理《植物检疫要求书》，明确该省或区域补充检疫对象后，再到当地有省间调运检疫签证权的植保植检站申请检疫。从省外调进樱桃苗木的，调运前要先征得本省植物检疫机构的许可，办理《植物检疫要求书》，交省外植物检疫机构申请检疫，检疫合格办理《植物检疫证书》后才能调进。如桑白盾蚧就被贵州省列入本省的补充检疫对象。在调运樱桃苗木时，不得携带桑白盾蚧。

农业防治

农业防治主要指从植株繁殖材料选育开始，从栽培技术入手，使植株生长健壮，并为营造有利于天敌生物生存繁衍、不利于病虫发生的生态环境而采取的措施。主要包括的内容有：选用优良品种、培育健株、平衡施肥、科学的田间管理等农业措施，通过这些措施可以培育健康的土壤生态环境、改良土壤墒情，以提高植株养分供给并促进植株根系发育，从而增强植株抵御病虫害和不良环境的能力。

(1) **选用优良品种** 选用优良品种是农业防治技术中第一项措施。目前北方大樱桃种植的优良品种主要有拉宾斯、岱红、砂蜜豆、黄香蕉、先锋、红灯、萨米脱、美国黑、美早、红胭、意大利早红、滨库等品种，南方樱桃主要种植的有黑珍珠、玛瑙红等。

(2) **选用优质种苗** 选用的种苗无检疫性有害生物，外观无根癌病等病虫明显为害症状，色泽正常，根系完整，嫁接口愈合良好，无机械损伤。种苗选用一年生嫁接苗，株高80 ~ 100厘米，整形带芽健壮、饱满。苗木根系发达。苗木质量要求见表1。

表1 种苗质量基本要求

项目		要求
		一年生
品种与砧木		纯度≥98%
根	一级侧根数量（条）	≥4
	一级侧根粗度（厘米）	≥0.3
	一级侧根长度（厘米）	≥15
苗木高度（厘米）		100≥高度≥80
苗木粗度（厘米）		1≥干粗≥0.8
整形带内饱满芽数（个）		≥6

(3) **合理浇灌** 合理浇灌是指根据樱桃的生长特性和实际栽培经验，在樱桃萌芽期、幼果期、成熟期及秋后冬前等主要时期对水分的实际需求进行浇灌，浇灌水少会影响樱桃的正常生长和产量以及品质，浇灌水多或时间不当会影响樱桃的甜度及口感，也会引起裂果等生理性病害。

(4) **科学施肥** 樱桃植株每年施3次肥，第一次是秋施基肥，第二次是追肥，第三次是樱桃采收后立即施复合肥。秋施基肥主要在9月中旬至10月进行（图112），主要为有机肥，控氮增磷补钾，二至四年生树株施有机肥20 ~ 30千克，五年生以上结果树株施有机肥50 ~ 60千克；花前追肥主要追施速效性肥料，对新梢生长、花芽分化、提高坐果率和增进品

质都有良好的功效，花前、花后各追速效肥1次，以氮肥为主，大樱桃萌芽前喷2% ~ 4%尿素，花期喷0.3%硼砂，果实着色期喷0.3%磷酸二氢钾，生长后期喷尿素和其他营养物质；采果后施肥很重要，俗称“月子肥”，一般株施豆饼5千克或复合肥1 ~ 2千克或腐熟人粪尿5千克。

施肥须按《肥料合理使用准则　通则》（NY/T 496）的规定执行。商品肥必须是经农业行政主管部门登记的产品。农家肥应经发酵腐熟，蛔虫卵死亡率达96% ~ 100%，无活的蛆、蛹或新羽化的成蝇。提倡平衡施肥。微生物肥料中有效活菌数量必须符合《微生物肥料》（NY/T 227）规定。

（5）**冬季清园控害**　冬季樱桃进入休眠期，病虫害也进入越冬期，此时要进行冬季清园工作（图113），要采用“剪、刮、清、翻、药”等措施，以降低果园病虫害基数，减少翌年病虫害发生为害。

图112　机械开挖施肥沟

图113　冬季清园

剪：主要指剪除病、虫枝，结合冬季修剪（图114），剪除带虫孔、虫卵和发病枝条，对剪除的带病、虫枝同落地叶、枝并僵果及时清除出果园，并做无害化处理。

刮：主要指刮除病、虫为害部位皮层，针对主干及分枝上被病、虫为害的部位，用刀刮除，特别是木腐病、冠瘿病、介壳虫等病虫害发生重的区域，同时刮粗皮、翘皮，可以杀灭藏在其中越冬的螨、苹小卷叶蛾等害虫，刮除时应掌握好力度，深度应控制在1 ~ 2毫米，尽量不伤及树干木质部，刮除后的粗皮、翘皮、病皮应全部带出果园做无害化处理（图115）。

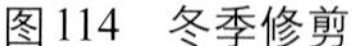
图114　冬季修剪

图115　刮除病残体

清：主要指清理果园，包括冬季机械除草（图116）以及清理果落地枯叶、枝条、僵果等，通过这些措施，最大程度地减少果园中越冬病虫害基数，减轻翌年病虫害的发生为害。

翻：指深翻土壤，清理果园后至土壤封冻前结合施肥，将樱桃植株周围的树冠下深翻20 ～ 30厘米，同时结合灌水，改变土壤的环境条件，破坏梨小食心虫、金龟子等害虫越冬场所，减少越冬虫源。

药：一是指枝干涂白（图117），进入秋冬季樱桃落叶后，在11 ～ 12月完成修剪和刮除等工作后，在树干和大枝刷上涂白剂，能够预防樱桃树冻害和日灼的发生，同时也能杀死树皮内的越冬虫卵和蛀干害虫，涂白剂推荐的配制方法为20波美度石硫合剂：生石灰：食盐：清水=2 ： 10 ： 2 ： 20，充分搅拌均匀后涂刷，高度一般为60 ～ 80厘米；

图116　樱桃果园机械除草

图117　樱桃树冬季涂白

二是对刮除的病斑部位进行药剂涂抹，如腐烂病、木腐病等病害病部刮除后，选用代森锌等广谱性杀菌剂按推荐药剂量进行涂抹，在樱桃植株萌芽前，根据果园上一年病虫害实际发生情况，选择相应的药剂进行喷雾处理，直接杀灭枝干表面及树皮表层的病菌和越冬害虫。

（6）**人工去除病枝、虫体** 在植株生长期间，发现病、虫枝时，人工刮除病部或剪除病枝、虫枝、病果，并带出园外做无害化处理，此方法可有效减轻蚧类、天牛、褐腐病等病虫害的发生为害。在天牛发生为害时，及时用细钢丝顺蛀道钩杀天牛幼虫。

（7）**避雨栽培技术** 有条件的区域可以开展避雨栽培（图118），一般来说就是搭设避雨棚，力求避雨、遮阳，达到防病、降温、提高果实品质、提高产量和扩大栽培区域的一种栽培方式。

图118 避雨栽培

理化诱控

理化诱控是指利用害虫的趋光、趋色、趋化等特性，通过灯光、色板、昆虫信息素、食物源诱剂等诱集并杀灭害虫的控害技术。

（1）**色板诱集** 利用昆虫的趋色性，制作带有黏性的有色色板，在害虫发生前至发生期内诱集害虫（图119至图120），一是可以发挥监测功能监测害虫的发生；二是直接消灭害虫，习性相近的昆虫对颜色有相似的趋性，如叶蝉类趋向绿色、黄色，蚜虫、果蝇趋向黄色，夜蛾科、尺蛾科害虫趋向土黄色、褐色。为了提高对靶标害虫诱集效果，可将靶标害虫性信息素或植物源信息素混配的诱剂与色板组合，如多功能诱捕器（图121至124）。

具体做法：4 ～ 7月在每棵树的树体中部挂1张黄色粘虫板，诱杀蚜虫、果蝇等有翅成虫。色板1个月更换1次，直至果实采收结束。

图119　黄板诱杀

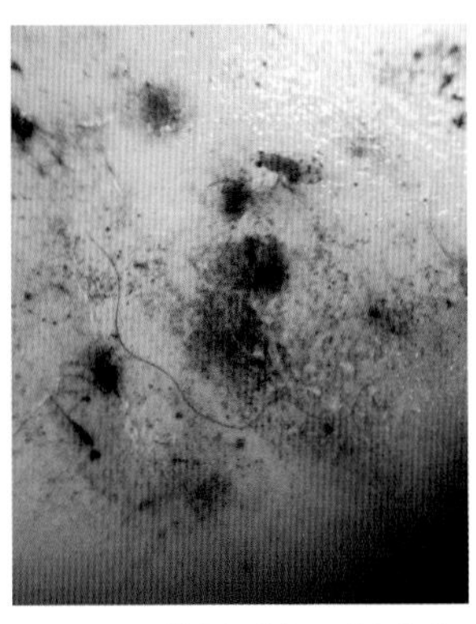

图120　黄板诱集果蝇成虫

图121　可降解黄板诱杀

图122　房屋型多功能诱捕器诱杀效果（1）

图123　房屋型多功能诱捕器诱杀效果

图124　房屋型多功能诱捕器诱杀效果（2）

（2）**食物源诱剂诱杀**　利用果蝇成虫的趋化性，在樱桃果园内放置糖醋诱剂或香蕉诱剂，诱杀果蝇（图125至图128）。

图125　食物源诱剂

图126　食物源诱剂诱杀果蝇（1）

图127　食物源诱剂诱杀果蝇（2）

图128　蛾类性诱杀捕器

推荐配方：红糖、醋、酒、晶体敌百虫水溶液以5 ∶ 5 ∶ 5 ∶ 85的比例配制。

制作方法：生产上一般用废弃的塑料矿泉水瓶，在瓶壁上部由下往上开2 ～ 3个口，每个口一般宽3 ～ 5厘米，长4 ～ 8厘米，具体视矿泉水瓶大小而定，下部盛装食物源诱剂。

挂置方法：挂置高度一般为树冠的中层位置，挂置密度一般为3棵树挂置1个诱集瓶，每7天更换1次诱剂（遇大雨立即更换）。

（3）**果蝇引诱剂诱杀**　使用果蝇引诱剂诱杀果蝇，推荐的有Sexton®果蝇诱剂（图129）按1 ∶ 3比例兑水混合后，每袋注入400毫升稀释后的液体，每亩使用10 ～ 20个点。

图129　Sexton® 果蝇引诱剂诱集果绳

（4）**杀虫灯诱杀**　利用害虫对不同波长、波段光的趋性进行诱杀（图130、图131），该方法能够有效控制鳞翅目、鞘翅目等多种害虫。

图130　太阳能自控多方式高效（宫灯型害虫诱捕器）

图131　频振式杀虫灯诱杀

①频振式杀虫灯。利用电源式频振式杀虫灯或太阳能频振式杀虫灯控制天牛、桃剑纹夜蛾等多种害虫。

主要诱杀时间：4 ～ 9月。

安装方法：电源式频振式杀虫灯平地果园3公顷(山地果园2公顷)安

装1台，太阳能频振式杀虫灯平地果园6公顷(山地果园5公顷)安装1台。

从安全角度出发，提倡安装太阳能频振式杀虫灯。

②太阳能自控多方式高效害虫诱捕器（宫灯型）。太阳能自控多方式高效害虫诱捕器（宫灯型）诱虫原理是将害虫的趋色、趋光、趋化等习性融为一体，并通过风吸式原理，最大化诱集害虫，该型诱捕器可以针对不同的主要靶标生物调节相应的光波长、波段，从而达到尽量减少对益虫的捕获，对双翅目、鞘翅目、鳞翅目、膜翅目、直翅目等害虫诱集效果佳，且外形美观，非常适合果园使用。

主要诱杀时间：4 ~ 9月。

安装方法：根据果园实际情况，可分为棋盘式、闭环式和“之”字形布局，单盏有效作用面积为1公顷，两盏诱捕器间间距在100 ~ 120米。

（5）**昆虫性信息素诱控** 昆虫化学信息素是生物体之间起化学通信作用的化合物的统称，也是昆虫交流的化学分子语言，在化学信息素中，性信息素是人类了解和使用最多的，也是目前在监测和防控中使用最广泛的措施（图132、图133）。目前在樱桃生产应用的昆虫性信息素有梨小食心虫、苹小卷叶蛾、小绿叶蝉等，一般在害虫始期使用，每亩3 ~ 5个为宜，挂置高度约距地面1.2 ~ 1.8米，1 ~ 2个月更换1次。

图132 梨小食心虫三角形形诱捕器

图133 性诱剂诱杀

在使用昆虫性信息素诱控需注意：一是由于性信息素高度敏感，安装前需清洁手，以免污染；二是安装前性信息素应在冰箱内保存，包装开启后尽快用完；三是在成虫羽化前悬挂诱集装置。

生物防治

生物防治是指利用有益生物或其代谢产物，来控制病虫害的发生或减轻其为害。生物防治具有对人畜安全，不污染环境，不伤害天敌的优点。保护和应用有益生物来控制病虫害是绿色防控必须遵循的一个重要原则，通过保护有益生物的栖息场所，为有益生物提供替代的充足食物，应用有益生物影响最小的防控技术，可有效维持和增加果园生态系统中有益生物的种群数量，达到自然控害的效果。近年来国内外学者把转基因抗虫、抗病基因植物也列入生物防治范畴，使得生物防治技术更加丰富，目前在樱桃生产主要的生物防治措施有：

（1）**释放天敌** 在自然界中有许多有益生物，包括昆虫、螨类、蜘蛛、细菌、真菌等，能捕食、取食、寄生、杀灭农作物害虫和病原物，控制害虫和病害发生为害。在樱桃果园中常见的或可以利用的有益生物有瓢虫、赤眼蜂、草蛉、螳螂、捕食螨等。下面介绍几种有益生物防控方法：

①捕食螨防治山楂叶螨。利用捕食螨对山楂叶螨的捕食作用，特别是对叶螨卵及低龄螨的捕食。释放时间在春天山楂叶螨开始上树活动时，释施量为每株1袋，捕食螨数量＞1 500头/袋，袋中为捕食螨全生育期螨态，春秋各释放1次，发生严重时可增加释放2 ～ 3次。释放时把缓释袋固定在主干树杈处（图134）。

图134　释放捕食螨

②赤眼蜂防治鳞翅目害虫。把握好释放时期，在害虫卵期内不间断有赤眼蜂成虫存在，使之能够在害虫卵上寄生，两者吻合程度越高越好，

放蜂的次数应以使害虫一代成虫整个产卵期间都有释放的蜂或其子代为准，以防治第一代卵为主，每株果树上挂1个卵卡，每5天放蜂1次，共放2～3次（图135）。

③瓢虫防治蚜虫。根据果园蚜虫发生规律，选择适宜时间释放时间，释放成虫时整袋挂置，释放幼虫时可挂置或撒施，推荐使用量为10袋/亩，挂置时将袋固定在不被阳光直射、距叶片较近的枝杈处，指示释放口向上（图136）。

图135 释放赤眼蜂

图136 释放瓢虫

（2）**推广使用生物农药** 生物农药是指利用生物活体（真菌、细菌、昆虫病毒、转基因生物、天敌等）或其代谢产物（信息素、生长素、萘乙酸钠、2，4-滴等）针对农业有害生物进行杀灭或抑制的制剂，最大特点是极易被日光、植物或各种土壤微生物分解，是一种来于自然又归于自然正常的物质循环方式，选择性强，对人畜安全，对生态环境影响。下面介绍几种樱桃果园可以常用的生物药剂：

①苏云金杆菌（Bt）。用苏云金杆菌制成的生物制剂，主要防治鳞翅目害虫，最佳使用时间为卵孵高峰期至低龄幼虫期，使用剂量按照不同浓度商品推荐剂量使用。

②白僵菌。白僵菌是一种广谱性的昆虫病原真菌，对700多种害虫都能寄生，对樱桃果树上的鳞翅目害虫有较好的防效，目前生产使用的400亿球孢白僵菌可湿性粉剂等，根据不同的靶标对象使用推荐剂量。

③短稳杆菌。由奶粉、豆粉发酵后制成的生物制剂，对昆虫具有胃毒作用，对生态环境环保，主要防控梨小食心虫、大蓑蛾、双线盗毒蛾、果蝇等多种害虫，目前生产使用的为100亿孢子/升短稳杆菌悬浮剂，最佳

使用时间为卵孵高峰期至低龄幼虫期，一般采用喷雾施药，推荐使用剂量为500 ～ 800倍液。

④昆虫病毒。主要防控鳞翅目害虫，生产常见的类型为核型多角体病毒，有斜纹夜蛾核型多角体病毒、甘蓝夜蛾核型多角体病毒等。最佳使用时间为卵孵高峰期至低龄幼虫期，一般采用喷雾施药，根据不同的靶标对象使用推荐剂量。

⑤矿物油乳油。主要防控螨类、介壳虫等害虫，其作用机理为封闭成虫或幼虫的气孔，使其窒息直接杀虫、改变害虫取食行为间接杀虫、穿透或覆盖虫卵致死胚胎等物理作用机理来控制害虫的为害，目前生产推荐使用的99%SK矿物油乳油，根据不同的靶标对象使用推荐剂量。

生态调控

生态调控在宏观上是指依据整体观点和经济生态学原则，选择任何种类的单一或组合措施，不断改善和优化系统的结构与功能，使其安全、健康、高效、低耗、稳定、持续，同时将害虫种群数量维持在经济阈值水平以下。在樱桃果园中是指以预测预报为依据，以改善农业生态环境为着力点，破坏病虫源栖息场所，营造有益生物的生态庇护所，配合理化生物的防治技术，以达到消除病虫源的目的。目前主要在生产推广的有果园生草技术。

果园生草包括自然生草和人工种草。自然生草是指保留果园内的自生自灭良性杂草，铲除恶性杂草。人工种草是指在果园播种豆科或禾本科植物，并定期刈割，用割下的茎秆覆盖地面，让其自然腐烂分解，从而改善果园的土壤结构。

在樱桃果园中种植白三叶、紫花苜蓿、野豌豆等植物（图137），一是为天敌种群繁衍创造合适的栖息和生存环境，增加了天敌的种类和数量，有调查显示，生草区(种植白三叶)天敌数量明显于自然生草区，如草蛉、瓢虫、隐翅甲、小花蝽、蜘蛛等，同时对抑制果园螨害等害虫的发生有一定作用；二是种植豆科植物具有较好的固氮作用，能提高土壤有机质含量，生草根系与土壤作用，形成稳定的团粒结构，从而改善土壤理化性状，增强土壤保水、透水性；三是果园生草地面有草层覆盖，减少了地面

图137　绿肥

与表土层的温度变幅，可使夏季表层土壤温度下降6 ~ 14℃，冬季提高地表温度2 ~ 3℃，有利于促进果树根系的发育。

应用果园生草技术注意事项：

（1）**选择适宜的生草方式**　不同区域果园生草方式应有选择，在土层厚、土壤肥沃的成龄大树果园，宜全园生草；土壤贫瘠的果园或幼树园，宜在行间生草，株间可清耕；年降水量少于500毫米又无灌溉条件的樱桃园不宜生草。

（2）**须配套相关技术**　用果园生草生态调控技术防控病虫害必须配套其他绿色防控技术，包括前文所述的农业防治、物理防治、生物防治等以及下文所述的化学防治技术。

化学防治

在杂草防控、某种病虫害突然大面积爆发或可预测将来大面积爆发为害时无其他有效防控措施情况下，采取使用新型、低毒、低残留农药进行化学防控。

在樱桃果园里施用化学农药应遵循以下几点原则：

（1）**不可替代原则** 即在某种病虫害突然大面积爆发或可预测将来大面积爆发为害时，无其他有效防控措施替代情况下，方可采取化学防控手段，果实成熟上市前30天，禁止喷施化学药剂。生产上有些果农对化学农药过于依赖，而对农业、理化、生物等防治措施应用不多，且化学农药施用不科学，不仅会造成农产品质量安全问题，也会使果园生态环境恶化，严格控制化学农药的施用势在必行。

（2）**新型、低毒、低残留化学农药原则** 在采取化学防治时，须选用新型、低毒、低残留农药品种，杜绝选用樱桃果树限制性农药和禁用农药(详见附录1)，施用新型、低毒、低残留农药，一是减少农药残留，可以最大程度地保障农产品质量安全，二是减轻对果园生态环境的污染，三是减轻对天敌的伤害。推荐新型、低毒、低残留农药品种及靶标生物和防治方法详见附录2——《樱桃果园推荐农药及使用方法》。

（3）**遵循轮换用药原则** 在采取化学防治时，要轮换用药，其最大优点是延缓和减轻有害生物抗药性的发生，同时也可以防止害虫的再猖獗。

（4）**关键时期用药原则** 在采取化学防治时，要准确把握靶标生物防控的关键时期，例如鳞翅目、半翅目害虫化学防治关键时期是卵孵高峰期至低龄幼虫（若虫）期，真菌性病害防治关键时期是在病害发生初期，把握好防控的关键时期，防控工作能达到事半功倍的效果，错过防控关键时期，化学防控也不能取得理想的防控效果。

（5）**高效喷雾药械原则** 据邵振润等（2014）报道，我国年均防治农作物病、虫、草、鼠害化学农药折纯用量在22万吨左右，而施用这些农药的药械以背负式手动喷雾器和背负式机动喷雾机为主。从施药机械方面来说，我国手动喷雾器承担了近80%的防治任务，其农药利用率一般在20%～40%，背负式机动弥雾机的农药利用率一般在30%～50%，而在

果园大量使用的担架式机动喷雾机和踏板式喷雾器，由于使用喷枪喷洒而非喷雾，农药利用率不到15%。我们通常说我国目前农药利用率在30%左右，指的是针对不同作物、不同生育期、不同药械的总体平均水平而言。由此可见，在果园病虫害防控中，由于药械的落后导致化学药液的流失，不仅对严重污染生态环境，而且易引起农残超标，对农产品质量安全构成巨大的威胁。

在樱桃病虫害化学药剂防控工作中，提倡选用超低量喷雾、静电喷雾、控滴喷雾、生物最佳粒径等技术喷雾药械进行防控工作（图138），如黔霖牌便携自吸式电动喷雾机、雾星牌静电喷雾器等新型药械。与传统喷雾药械相比，这些药械喷施时药液颗粒直径在80 ～ 150微米，雾化均匀，农药吸收利用率大幅提升，不仅能够提高防治效果，而且能够降低农药使用量，从而达到减药、节水、省工的目的，在取得较好防控效果同时也保障了农产品质量安全和生态环境安全。

图138　使用低容量高效喷雾器防控病虫害

PART 4

附录

附录1 樱桃园农药科学使用

1.果树上不提倡使用的农药及禁用农药

（1）不提倡使用的农药（中等毒性、注意农药使用的安全间隔期）

杀虫剂：抗蚜威、毒死蜱、吡硫磷、三氟氯氰菊酯、氯氟氰菊酯、甲氰菊酯、氰氯苯醚菊酯、氰戊菊酯、异戊氰酸酯、敌百虫、戊酸氰醚酯、高效氯氰菊酯、贝塔氯氰菊酯、杀螟硫磷、敌敌畏等。

杀菌剂：敌磺钠（地克松、敌克松）、冠菌清等。

（2）果树生产禁用的农药（高毒高残留） 六六六、滴滴涕（DDT）、毒杀芬、二溴氯丙烷、杀虫脒、二溴乙烷、除草醚、艾氏剂、狄氏剂、汞制剂、砷类、铅类、敌枯双、氟乙酸胺、甘氟、毒鼠强、氟乙酸钠、毒鼠硅、甲拌磷、乙拌磷、久效磷、对硫磷、甲基对硫磷、甲胺磷、甲基异柳磷、氧化乐果、磷胺、特丁硫磷、甲基硫环磷、治螟磷、内吸磷、灭线磷、硫环磷、蝇毒磷、地虫硫磷、氯唑磷、苯线磷。

2.樱桃园推荐农药及使用方法

类别	通用名称	毒性	防治对象	用药浓度	使用方法
杀菌剂	80%硫黄水分散粒剂	低毒	白粉病	800倍液	喷雾
	45%咪鲜胺乳油	低毒	炭疽病	1 000倍液	喷雾
	25%咪鲜胺水乳剂	低毒	黑斑病、炭疽病	1 000 ～ 1 500倍液	喷雾

类别	通用名称	毒性	防治对象	用药浓度	使用方法
	50%咪鲜胺锰盐可湿性粉剂	低毒	黑斑病、炭疽病	1 500倍液	喷雾
	70%丙森锌可湿性粉剂	低毒	褐斑病	600倍液	喷雾
	43%戊唑醇悬浮剂	低毒	褐斑病、褐腐病、木腐病、侵染性流胶病	2 500倍液	喷雾、涂刷
	75%肟菌·戊唑醇水分散粒剂	低毒	灰霉病	3 000倍液	喷雾
	24%腈苯唑悬浮剂	低毒	褐斑病、灰霉病	3 000倍液	喷雾
杀菌剂	40%腈菌唑可湿性粉剂	低毒	炭疽病、白粉病、侵染性流胶病	5 000倍液	喷雾
	80%代森锰锌可湿性粉剂	低毒	褐斑病、侵染性流胶病	600倍液	喷雾
	75%百菌清可湿性粉剂	低毒	褐斑病	85 ~ 100克/亩	喷雾
	50%异菌脲悬浮剂	低毒	褐腐病	1 000倍液	喷雾
	20%噻唑锌悬浮剂	低毒	细菌性穿孔病、根癌病	300倍液	喷雾、灌根
	50%醚菌酯水分散粒剂	低毒	白粉病	4 000倍液	喷雾
	10%多抗霉素可湿性粉剂	低毒	灰霉病	500 ~ 600倍液	喷雾
杀虫剂	1%香菇多糖水剂	低毒	病毒病	750倍液	喷雾
	1 000亿/克枯草芽孢杆菌可湿性粉剂	低毒	白粉病、根腐病	70 ~ 84克/亩	喷雾
	四环素类	低毒	植原体病害	按说明使用	注射
植物生长调节剂	0.136%芸薹·吲乙·赤霉酸可湿性粉剂	低毒	增强树势，提高抗旱、抗冻等抗逆性，引导植株产生抗病能力	7 500 ~ 15 000倍液	喷雾、灌根

（续）

类别	通用名称	毒性	防治对象	用药浓度	使用方法
杀虫剂	25%灭幼脲悬浮剂	低毒	细蛾科	4 000 ~ 5 000倍液	喷雾
	20%虫酰肼悬浮剂	低毒	卷叶蛾类、夜蛾类	13.5 ~ 20.0克/亩	喷雾
	1.8%阿维菌素乳油	中等毒	细蛾科、卷叶蛾科、螨类、蚜科等	40 ~ 80毫升/亩	喷雾
	100亿孢子/升短稳杆菌悬浮剂	低毒	毒蛾科、刺蛾科、果蝇科	600 ~ 800倍液	喷雾
	1.5%苦参碱可溶液剂	低毒	蚜科	300倍液	喷雾
	16 000IU/毫克苏云菌杆菌可湿性粉剂	低毒	夜蛾科、蓑蛾科、小卷叶蛾科	600 ~ 800倍液	喷雾
	400亿球孢白僵菌可湿性粉剂	低毒	夜蛾科、蓑蛾科、小卷叶蛾科等	25 ~ 30克/亩	喷雾
	200UI/毫升苏云金杆菌悬浮剂	低毒	尺蠖科	100 ~ 150毫升/亩	喷雾
	100亿PIB/克斜纹夜蛾核型多角体病毒悬浮剂	低毒	夜蛾科、蓑蛾科等	60 ~ 80毫升/亩	喷雾
	0.5%藜芦碱可溶液剂	低毒	螨类等	300倍液	喷雾
	1%苦皮藤素水乳剂	低毒	蛾类、蝽科等	300倍液	喷雾
	70%吡虫啉水分散粒剂	低毒	蚜科、木虱科、粉虱科、蝽科等	3 000倍液	喷雾
	24%螺虫乙酯悬浮剂	低毒	介壳虫等	4 000倍液	喷雾
	24%螺螨酯悬浮剂	低毒	螨类等	3 000 ~ 4 000倍液	喷雾
	99%SK矿物油乳油	微毒	介壳虫、螨类等	100 ~ 200倍液	喷雾
	50%氟啶虫胺腈水分散粒剂	低毒	介壳虫、蚜科、蝽科等	5 000倍液	喷雾

（续）

类别	通用名称	毒性	防治对象	用药浓度	使用方法
杀虫剂	10%醚菊酯悬浮剂	低毒	蚜科等	600 ～ 1 000倍液	喷雾
	2.5%溴氰菊酯乳油	中等毒	金龟子科等	1 000 ～ 1 500倍液	喷雾
	48%毒死蜱乳油	中等毒	介壳虫、金龟子科、吉丁虫科等	800 ～ 1 600倍液	喷雾、灌根
	10%联苯菊酯乳油	低毒	蛾类	750 ～ 1 200倍液	喷雾
	25%灭幼脲3号胶悬剂	低毒	刺蛾类等	1 000 ～ 1 500倍液	喷雾
	20%氟苯虫酰胺水分散粒剂	低毒	小卷叶蛾科、大蚕蛾科、夜蛾科、蓑蛾科等	3 000倍液	喷雾
	10%阿维·氟酰胺悬浮剂	低毒	小卷叶蛾科、大蚕蛾科、夜蛾科、蓑蛾科等	1 500倍液	喷雾
	4.5%高效氯氰菊酯乳油	中等毒	小卷叶蛾、叶蝉科、蝽科等	600 ～ 750倍液	喷雾
	2.5%高效氯氟氰菊酯乳油	中等毒	小卷叶蛾、叶蝉科、蝽科等	400 ～ 600倍液	喷雾
	1%甲氨基阿维菌素苯甲酸盐乳油	低毒	小卷叶蛾科、大蚕蛾科、夜蛾科、蓑蛾科等	1 000 ～ 1 500倍液	喷雾
	2.5%溴氰菊酯乳油	中等毒	蝽科、蚜科等	1 000 ～ 1 500倍液	喷雾
	52.25%氯氰·毒死蜱乳油	中等毒	木虱科、介壳虫等	1 500 ～ 2 000倍液	喷雾
	5%毒死蜱颗粒剂	中等毒	金龟子科等	1 000 ～ 2 000克/亩	喷洒地表
	5%辛硫磷颗粒剂	低毒	金龟子科等	1 000 ～ 2 000克/亩	喷洒地表

附录2 便携自吸式电动喷雾机

便携自吸式电动喷雾机是一款新型喷雾药械，小巧、轻便，方便携带，不受场地距离限制便可从药液容器内采用塑料水管吸取药液，通过牵管进行喷射的直流电动喷雾机械，具有高效、精准、省工、省时、省药液、操作简易等诸多优点（图139）。

（1）药械小巧、轻便，整机2.5千克，可随身携带。

（2）作业距离远，续航时间强，输送药液300米左右，充电后可续航4～15小时。

（3）喷头孔径为0.5毫米，雾滴直径为100微米左右，流量每分钟小于0.3升，药液雾化效果好，药液附着在植物叶片上不易滑落，提高农药的利用率。

（4）农药减量显著，20升药液使用低容量单孔喷头可作业果园1 334～2 001米^2，使用低容量双孔喷头可喷667～1 000.5米^2。

（5）使用120目高级滤网，可有效过滤渣滓，防止喷头堵塞。

（6）伸缩式多功能节水连接碳素喷杆采用碳素材质，手感轻盈、结实耐用，可根据作物和靶标自主调节长短。

图139 便携自吸式电动喷雾机

图140 药液均匀，雾化效果好

图141 药液均匀附着在叶片上

附件3 樱桃病虫害绿色防控历

生育期	时间		主控对象	主要绿色防控技术措施
休眠期	北方	11月上旬至翌年2月下旬	越冬虫源、病原菌	开展冬季清园工作，清理果园中枯枝落叶和杂草，同时结合冬季修剪，剪除病虫枝
	南方	12月上旬至翌年2月上旬		
萌芽期	北方	3月上旬至3月下旬	褐斑病、细菌性穿孔病、白粉病、灰霉病、侵染性流胶病、褐腐病等病害的越冬病原菌以及螨、介壳虫等越冬虫源	芽萌动前全园果树喷施3～5波美度石硫合剂，同时结合上年病害发生情况有选择使用药剂，如炭疽病或黑斑病发生重，则选用25%咪鲜胺乳油1 000～1 500倍液或3%戊唑醇悬浮剂2 500倍液；如细菌性流胶病发生重，则选用20%噻唑锌悬浮剂300倍液喷施，如螨类、介壳虫发生重则喷施99%SK矿物油乳油150倍液等
	南方	2月中旬		
花谢后幼果期	北方	4月中下旬至5月中旬	黑斑病、细菌性穿孔病、炭疽病、褐斑病预防，樱桃瘿瘤头蚜、蛾类、介壳虫、叶蝉类等害虫	花谢后7天，根据蝽、蚜虫、叶蝉、介壳虫、细菌性穿孔病等病虫害发生情况决定是否施药，在真菌性病害发生初期，可选80%代森锰锌可湿性粉剂等广谱性杀菌剂进行防治1～2次，施药间隔7天左右，如蝽、蚜虫、叶蝉等害虫虫量小，就不施用化学农药，如预测可能加重发生，可选择生物、物理或高效低毒农药进行防治，如樱桃瘿瘤头蚜发生初期1.5%苦参碱可溶液剂300倍液喷洒防治、使用多功能害虫诱捕器诱杀蛾类害虫成虫，在蛾类幼虫孵化高峰期至低龄幼虫期使用高效低毒农药进行防控，同时注意天牛、吉丁虫等蛀干害虫为害，发现后及时采取防控措施
	南方	2月下旬至4月上旬		

生育期	时间		主控对象	主要绿色防控技术措施
成熟期	北方	5月下旬至6月下旬	果蝇、蛾类害虫等	在果园悬挂食物源诱瓶诱杀果蝇，可选用的配方有红糖、醋、酒、晶体敌百虫水溶液以5 ： 5 ： 5 ： 85的比例配制，也可辅以0.3%苦参碱水剂200 ～ 300倍液喷洒树冠；使用多功能害虫诱捕器诱杀蛾类害虫成虫等
	南方	4月中旬至下旬		
采收期后	北方	7月至10月下旬	果蝇、蛾类幼虫及褐斑病、流胶病等多种病害	及时清除落地果和烂果，并集中深埋或无害化处理，结合夏季修剪，剪除病枝、虫枝并集中无害化处理，发现流胶病后刮除流胶后涂抹石硫合剂，注意天牛、吉丁虫等蛀干害虫为害，发现后及时采取防控措施。9月下旬在树干上捆绑诱虫带或小草把，诱集越冬害虫
	南方	4月底至5月		

参考文献
REFERENCES

曹潇 赵丽群 蔡道云，等，2014. 小蜻蜓尺蛾幼虫和蛹的形态特征研究[J]. 现代农业，(9)：106-108.

陈顺立，李友恭，黄昌尧，1989. 双线盗毒蛾的初步研究[J]. 福建林学院学报，9（1)：1-9.

戴芳澜，1979. 中国真菌总汇[M]. 北京：科技出版社.

丁建云，2008. 果园灯下常见昆虫原色图谱[M]. 北京：中国农业出版社.

董薇，宋雅坤，吴明勤，等，2005. 大樱桃病毒病研究进展[J]. 中国农学通报，5（21)：332-335.

杜珍珍，2016. 樱桃冠瘿病发病规律与防治技术研究[D]. 陕西：西北农林科技大学.

范国权，韩树鑫，白艳菊，等，2015. 植原体病害研究进展[J]. 黑龙江农业科学，(11)：148 － 153.

方中达，1998. 植病研究方法[M]. 北京：中国农业出版社.

高存劳，王小纪，张军灵，等，2002. 草履蚧生物学特性与发生规律研究[J]. 西北农林科技大学学报（自然科学版），30（6)：147-150.

高日霞，陈景耀，2011. 中国果树病虫原色图谱（南方卷）[M]. 北京：中国农业出版社.

郭建明，2007. 樱桃新害虫黑腹果蝇的生物学特性[J]. 昆虫知识，44（5)：743-745.

李德友，陈小均，袁洁，等，2011. 樱桃果蝇生物学特性观察及其防治药剂的筛选[J]. 贵州农业科学，39（8)：92-94.

李德友，袁洁，吴石平，2011. 贵阳市大樱桃主要害虫种类调查与防治[J]. 贵州农业科学，39（2)：175-178.

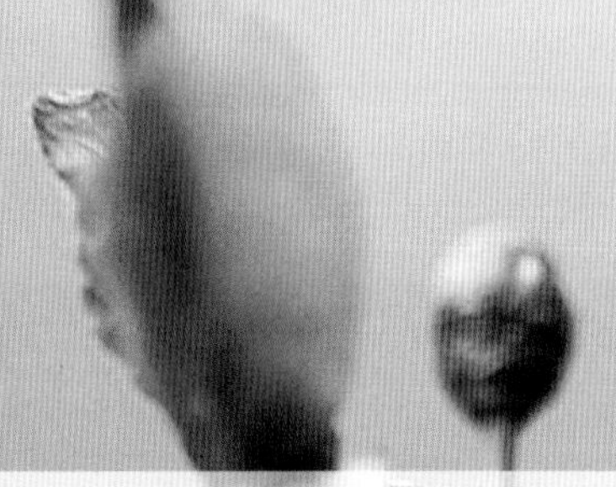

李莹莹，2008．大连地区大樱桃根癌病的研究 [D]．大连：辽宁师范大学．

李云瑞，2002. 农业昆虫学[M]. 北京：中国农业出版社.

卢恒宇，魏辉，杨广，2016. 植原体病害研究进展[J]. 福建农业学报，31（3）：326-332.

陆家云，1997. 植物病害诊断[M]. 北京：中国农业出版社.

吕佩珂，高振江，张宝棣，等，1999. 中国经济作物病虫原色图鉴[M]. 呼和浩特：远方出版社.

马恩沛，沈兆鹏，陈熙雯，等，1984. 中国农业螨类[M]. 上海：上海科学技术出版社.

马琪，夏吾朋毛，2011. 山楂叶螨的为害及其生物学特性研究[J]. 海大学学报(自然科学版)，29（6）：75-79.

牟海青，朱水芳，徐霞，等，2011. 植原体病害研究概况[J]. 植物保护，37(3):17-22.

邱强，1994. 原色桃、李、梅、杏、樱桃图谱[M]. 北京：中国科学技术出版社.

任路明，王磊，于毅，等，2014. 我国部分水果产区铃木氏果蝇与其他果蝇形态特征比较研究[J]. 生物安全学报，23(3) : 178 － 184.

邵振润，赵清，2014. 更新药械 改进技术 努力提高农药利用率[J]. 中国植保导刊（1）：36 － 38.

孙鹏，廖太林，袁克，等，2011. 水果害虫——斑翅果蝇[J]. 植物检疫，25（6）: 45-47.

孙瑞红.，2012. 图说樱桃病虫害防治关键技术[M]. 北京：中国农业出版社.

王国平，陈景耀，赵学源，等，2001. 中国果树病毒原色图谱[M]. 北京：金盾出版社.

王秀兰，魏永江，徐秉良，1989. 樱桃膏药病调查及防治研究简报[J]. 甘肃农大学报，1：48.50.

魏景超，1979. 真菌鉴定手册[M]. 上海：上海科技出版社.

伍律，金大雄，郭振中，等，1987. 贵州农林昆虫志[M]. 贵阳：贵州人民出版社.

萧采瑜，1977. 中国蝽类昆虫鉴定手册[M]. 北京：科学出版社.

袁锋，张雅林，冯纪年，2006. 昆虫分类学[M]. 第2版. 北京：中国农业出版社.

张建国，2002. 果树根癌病的症状、危害与防治 [J]. 烟台果树(2):5-6.

张开春，闫国华，郭晓军，等，2014. 斑翅果蝇（*Drosophila suzukii*）研究现状[J]. 果树学报，31(4): 717-721.

张连合，2010. 大蓑蛾的鉴别及发生规律研究[J]. 安徽农业科学，38(16)：8499-8500.

张涛，吴云锋，曹瑛，等，2012. 西安市樱桃病毒病调查及检测研究[J]. 中国南方果树，41（2）：29-31.

赵远征，刘志恒，李俞涛，等，2013. 大樱桃黑斑病病原鉴定及其致病性研究[J]. 园艺学报，40（8）：1560–1566.

钟觉民，1985. 昆虫分类图谱[M]. 南京：江苏科学技术出版社.

朱弘复，1976. 蛾类图册[M]. 北京：科学出版社.

图书在版编目（CIP）数据

樱桃病虫害绿色防控彩色图谱／张斌主编，—北京：中国农业出版社，2021.1
（扫码看视频·病虫害绿色防控系列）
ISBN 978-7-109-27179-1

Ⅰ.①樱…　Ⅱ.①张…　Ⅲ.①樱桃–病虫害防治–图谱　Ⅳ.①S436.629.64

中国版本图书馆CIP数据核字（2020）第147574号

中国农业出版社出版
地址：北京市朝阳区麦子店街18号楼
邮编：100125
责任编辑：郭晨茜　国　圆　　文字编辑：齐向丽
版式校对：郭晨茜　　责任校对：吴丽婷
印刷：北京中科印刷有限公司
版次：2021年1月第1版
印次：2021年1月北京第1次印刷
发行：新华书店北京发行所
开本：880mm × 1230mm　1/32
印张：5
字数：150千字
定价：36.00元
